KB241261

나는 고교생 발명가

세·계·발·명·대·회·5·관·왕!

BECOMING A FIVE-CROWNED WORLDWIDE INVENTOR

나는 고교생 발명가

홍성모 감수 · 최용석 글

science book
과학사랑

머리말

    학생의 신분으로 발명도서를 발간한다는 것은 내겐 큰 용기이고 도전이었지만 가슴 벅찬 설렘이었고 소중한 경험이었다.

    아직은 부족함이 많고 배워나가는 단계이지만, 나의 용기있는 도전에 걱정스러움보다 따뜻한 응원으로 북돋아주신 부모님이 계셨기에 시작할 수 있었다. 이매고등학교 재학 중 교내 신문 편집부장을 맡아 일한 경험과 교지 제작, 신문 발간 경험이 글쓰기에 많은 도움이 되었다.

    발명 특허등록증을 받고 정식 발명가가 되었던 그 날을 생각하면 아직도 심장이 두근거린다. 고등학생 신분으로서 특허 등록과 세계발명대회에서 수상할 수 있었던 가장 큰 이유는 발명의 재미를 깨달았기 때문이다.

    나에게 있어 발명이란 누군가의 희망이다.

발명은 우리 삶의 질을 높여 주기도 하고 누군가의 불편을 해결해 주기도 한다. 발명을 배우면서 주변을 더 많이 돌아보게 되었고, 주위 사람들의 불편에 관심 갖게 되었으며 사랑을 실천할 수 있었다.

또한 보다 나은 미래는 다른 사람이 만들어 주는 것이 아니라 스스로 만들어 나가는 것임을 발명을 통해 알게 되었다. 발명을 향한 나의 열정과 깨달음을 더 많은 학생들에게 전하고 싶은 간절함에서 책을 쓰게 되었다.

발명은 에디슨이나 라이트형제와 같이 대단한 인물들이 하는 것이 아니라 누구든지 도전할 수 있는 분야이다. 상상력이 뛰어난 친구, 항상 기발한 생각으로 새로운 방법을 찾아내는 친구, 한 곳에 집중하는 능력이 뛰어나 관찰력이 좋은 친구, 이 모든 사람들이 발명가의 기질이 있는 사람들이다.

자신만의 개성과 독특한 감수성을 획일화 시키지 말라. 개성이 강하고 엉뚱하다고 느껴진다면 당신은 좋은 발명가가 될 수 있을 것이다. 또한 사람들의 불편함과 문제에 관심이 간다면 그 관심을 좀 더 구체화 시켜 보는 연습을 해야 한다.

발명은 창의적 사고력과 몰입하는 집중력 두 가지 모두를 갖추어야 하는 작업이다. 계속적으로 창의적인 생각을 하고 생각난 아이디어에 몰입하여 발명품으로 탄생시키는 과정은 나의 학습발달에도 큰 도움을 주었다. 발명을 통해 이러한 연습이 계속적으로 이루어진다면 그 사람은 어떠한 상황에서도 문제를 해결할 수 있는 힘을 가질 수 있을 것이다.

발명교육에 있어 원리와 구조 기능 장치는 아주 중요하다. 그러나 교육의 전부는 아닐 것이다. 발명은 학교 교육으로는 다 측정할 수 없는 자신의 능력을 잴 수 있는 하나의 도전이며 학문인 것이다.

이매고등학교를 다니면서 국제발명전시회에 5회 도전하여 5관왕을 거머쥐는 보람과 영광을 차지하였다.

지금은 발명시대이자 창조적 시대이다.

발명지식과 경험을 바탕으로 엮어진 이 발명체험학습서는 발명꿈나무들이 발명을 보다 쉽게 이해하며 다가설 수 있도록 구성하였고 머릿속에 내제되어 있는 기발하고 참신한 아이디어를 자극시킬 수 있는 발명 응용학습서가 되길 소망해 본다.

　　끝으로 이 책이 발명하는 많은 학생들에게 무한한 발상, 착상, 고안을 위한 학습서가 되면서 발명의 상상력을 마음껏 펼쳐 나갈 수 있길 바란다.

　　–수험생인 저에게 발명가의 꿈을 이루어 나가는데 밑거름과 기둥이 되어 주신 이매고등학교 최원용 교장선생님을 비롯하여 늘 격려를 아끼지 않으신 곽영남, 하계형 선생님께 감사를 전합니다. 또한 도서출판 과학사랑 유광종 사장님과 열과 성을 다하여 이 책을 펴내주신 편집부 직원 여러분께도 깊은 감사를 드립니다.–

2012. IYIE
대만국제청소년발명박람회를 다녀오면서

　　　　　　　　　　　　　최 용 석

차 례

chapter 2 발견에서 발명으로

chapter 1

일상에서 발견으로

생활의 느낌을 포착 하라!

시대가 발전할수록 직업도 다양해지고 이전에는 볼 수 없었던 많은 물건들이 다양하게 쏟아져 나온다. 우리 부모님 세대에서는 상상조차도 할 수 없었던 것들이 현실로 이루어지기도 하며 그러한 일들이 편리와 동시에 불편을 주기도 한다.

수많은 변화는 우리에게 새로운 감각을 요구하지만 하루하루를 바쁘게 살아가는 현대인들에게 새로움이란 어느덧 익숙함이 되어버렸다.

새로운 느낌을 받아도 대수롭지 않게 생각하는 사람과 예민하게 순간의 느낌을 포착하는 사람의 차이는 실로 말할 수 없다. 전자의 사람은 더 새로운 것을 만들 수 없지만 후자의 사람은 새로운 미래를 만들며 부와 영광을 맛볼 수 있다. 우리는 후자와 같은 사람들을 발명가라고 부르기도 한다.

학교생활에서 만나게 되는 여러 가지 느낌들 그리고 여러 가지 사물을 통한 새로운 발견들은 너무나도 많다.

맛과 멋 감각적 느낌에서 아이디어가 새싹처럼 돋아나서 열매가 알알이 맺어 익어가는 발명교실.

예를 들어 보자!

'달콤함! 새콤함!' 과 같은 미감은 예전에는 없던 맛이다. 새로운 음식물의 발명으로 느낄 수 있게 된 맛들이다. 새로운 노래에서 들리는 신선한 리듬을 통한 멜로디는 우리에게 짜릿함을 준다. 이것 또한 새로운 리듬의 별명의 소산이라 할 수 있다.

또한 요즘 3D영화관에 가면 실제로 장면이 다가오는 것처럼 느껴지고 냄새까지 영화 속 한 장면처럼 맡아진다. 즉 3D영상의 발명으로써 영화 속 상황과 배우의 감정에 더 몰입하게 되고 더 깊은 감동을 즐기게 되었다.

뿐만 아니다. 등산장비를 가지고 산행을 하여 정상에 도착하면 맑은 공기를 마시게 되고 환호하면서 자연의 느낌을 만끽하게 되는데 이것 또한 등산장비의 발명으로 가능해진 것이다.

인간이 지닌 무한한 잠재력 속에서 새로운 아이디어 창출을 하는 지식기반사회로 세계의 변화에 맞추어 국제경쟁 시대에 학창시절부터 대응 할 수 있는 발명인재 육성은 매우 중요하다.

이처럼 우리의 일상에는 특별한 발명이라고 느껴지지 않지만 우리의 생활을 윤택하게 하고 새로운 감정들을 느낄 수 있게 해주는 것들이 많다. 그러한 것들을 찾아보고 발명의 원리와 구조 기능 장치에 대해 생각해보자.

석순이의 공부방

 자! 발명의 나라로 여행을 시작해 볼까?

 발명을 시작하려면 무엇부터 어떻게 해야 하나요? 발명이라고 생각하면 어렵고 복잡한 것 같아요….

No~No~~No~~~. 발명은 절대 어렵지 않아. 용순이의 생활 속에 발명이 다 숨어 있어. 지금부터 재미있는 발명 숨바꼭질을 한다고 생각해 봐.

 제 생활 속에 발명이 숨어 있다고요?

 당연하지! 발명은 갑자기 하늘에서 뚝 떨어지는 것도 아니고 유명한 고서에서 나오는 것도 아니야. 우리의 생활 속에서 느껴지는 것과 경험들이 발명의 시작이지. 누구나 한번쯤은 겪어 봤을 것 같은 경험들은 좋은 발명의 씨앗들이야.
용순아! 그동안 생활하면서 불편하다고 느꼈던 적이 있었지?

 오빠는 왜 그런 거 물어봐요?
음~ 음~ 깜빡 잊고 밥을 태운 것과 갑자기 소나기가 내려 널어놓은 빨래가 젖어버려 불편함을 느꼈어요.

 용순아! 그런 불편한 것은 개선 개량하면 되는 거야.

 아!! 그렇게 설명해주시니 발명이 쉽고 재밌게 느껴지는데요! 정말 그런지 궁금해요.

 용순아! 이렇게 해보자.

생활의 느낌을 포착하라

빨래 대에 빗물 감지센서를 설치하고 빨랫줄을 도르래로 연결하는 거야. 센서가 빗물을 감지하면 모터가 작동하여 빨랫줄이 창문 쪽으로 감기면서 자동으로 창문은 열리고 빨래는 방바닥으로 떨어지게 되지.

 와우! 어떻게 그런 원리와 기능과 방법을 생각해 낼 수 있어요.

 맞아! 발명은 쉽고 재밌는 거란다.

그럼 일상생활 속에서 발명이 어떻게 시작되었는지 사례를 통해 구체적으로 알아볼까?

용순이와 내가 좋아하는 둥근 도넛은 가운데가 뻥 뚫려 있잖아. 그래서 도넛이 골고루 잘 익어 우리에게 맛있는 간식으로 제공되지. 그런 도넛의 모양도 하나의 발명품이란다. 그 시초가 어떻게 이루어진 건지 발명아저씨를 통해 들어보자.

어린 시절 어머니께서 직접 만들어 주신 도넛이 가끔 생각난다. 잘 구워진 도넛을 한 입 물면 입가와 손가락에 묻은 설탕을 닦아 먹었던 느낌이 생생하다.

도넛은 어째서 가운데가 뚫려 있을까?

이렇게 도넛의 구멍을 맨 처음 낸 사람은 바로 미국의 한슨 트로켓 그레고리라는 미국 동북부 메인 주 연안의 선장이다.

1832년에 태어난 그는 어린 시절 어머니가 만들어 주는 프라이드 케이크를 매우 좋아해서 자주 먹었다. 그런데 가끔 케이크의 가운데가 익지 않은 채로 식탁에 올라 가운데 부분을 먹지 못하곤 했다. 한슨은 그 원인에 의문을 가지기 시작했다.

'어째서 가운데 부분이 익지 않는 것일까? 고루 익힐 수 있는 방법이 없을까?'

그러던 1847년의 어느 날이었다.

그레고리는 여느 때와 마찬가지로 케이크 앞에서 골똘히 생각하다가, 케이크의 가운데 부분을 포크로 뚫어 구멍을

19
생활의 느낌을 포착하라

내보았다. 그러자 익지 않은 부분이 완전히 없어지는 것이었다.

'바로 이거야! 이렇게 하면 프라이드 케이크를 완전히 익힐 수 있을 거야!'

이것이 도넛에 구멍을 낸 시초였다.

이렇게 착안된 구멍 뚫린 도넛의 요리법이 어떻게 유행하게 되었는가에 대해서는 또 하나의 숨겨진 사실이 있다.

1947년 그레고리의 선박이 바다에서 폭풍을 만나 고전하고 있었다.

배를 지키기 위해 그레고리는 뱃머리에서 잠시도 떠날 수 없었다. 요리사는 그레고리를 위해 도넛을 가져다주었다. 바로 그 순간 산처럼 큰 파도가 밀려왔고 그는 도넛을 타륜의 손잡이 가운데 하나에 끼워 넣고 핸들을 두 손으로 단단히 붙잡았다.

파도가 물러간 다음, 손잡이에서 도넛을 꺼냈다. 그런데 도넛은 부스러지지도 않았고 바닷물에 젖지도 않았다.

이 무용담 같은 이야기는 얼마 지나지 않아 뱃사람들에게 알려졌다.

그러자 선장은 요리사에게 타륜의 손잡이에 끼워 넣을 수 있는 도넛을 만들도록 주문했다.

그로부터 25년 후 메인 주 토마스톤의 존 F. 브론델은 처음으로 도넛에 구멍을 뚫는 기계를 발명해 특허를 받았다.

한슨은 프라이드 케이크를 먹는 아주 사소한 일상에서 자신이 받은 느낌을 간과하지 않았다. 케이크의 익지 않은 부분을 그냥 불평하며 지나갈 수도 있었지만 '왜 익지 않을까?', '어떻게 하면 잘 익힐까?' 라는 생각으로 발전시켰던 것이다.

오감이라는 이러한 감각은 생각으로 이어지고 생각은 문제의식으로 전환되어 우리에게 고민이라는 숙제를 던져준다. 이러한 구조에서 '바꾸어 볼까?' 라는 한 번의 도전이 우리의 생활과 인류에 엄청난 발전을 가져다주는 것이다.

생활의 느낌을 포착하라

요즘처럼   녹색성장에 대한 관심이 높을 때는 일찍이 없었던 것 같다.

거리에도, 철로 주변에도 공장에도, 정부기관의 건물에도 가장 많이 붙어있는 것이 녹색성장 문구라는 걸 누가 보아도 잘 알 수 있다.

녹색성장은 광범위한 뜻을 가지고 있는데 발명의 경우 저탄소 친환경 자원절약 그린에너지 관련제품의 개발이 주된 내용이다.

온실가스와 환경오염을 줄이거나 탄소배출 절감은 환경을 보호하는 산업 성장의 핵심 동력으로 녹색 사업을 살펴보면 느낌이 올 것이다.

전력 효율화는 연료전지, 태양광, 풍력, 바이오연료, 수소제조, 폐기물 자원화 등의 분야와 용도에 신기술을 적용하면 기발한 발명 탄생이 된다.

녹색성장이라는 주제를 가지고 어떠한 발명이 가능할까 고민하던 어느 봄날이었다. 집으로 돌아오던 길에 초등학생 몇 명이 아파트 공원에서 거울에 햇빛을 반사시켜 어두운 곳에 햇빛을 비치게 하는 놀이를 하는 모습을 보게 되었다.

그 때 나의 머릿속에 한 장소가 떠올랐다. 그곳은 우리 할머니 집 지하실이었다. 어두워서 물건을 가지러 갈 때마다 찾기가 힘들었던 공간이었다. 또한 화분을 두어도 햇볕이 들지 않아 금방 시들어 버리곤 했다.

지하실에 거울을 이용하여 햇빛을 전달하면 조명으로도 사용할 수 있고 지하방의 골칫거리인 곰팡이를 제거할 수도 있다는 발상이었다.

생활의 느낌을 포착하라

나는 집에 돌아오자마자 아이디어 노트에 메모를 해두고, 주말에 할머니 댁을 방문했다. 벽에 걸린 거울을 들고 집 밖으로 나와 지하실로 햇빛을 반사시켜 보았다. 성공이었다. 낮에도 전등을 켜야 들어갈 수 있던 지하실이 환하게 밝혀지며 지하실 안이 밖에서도 환하게 들여다보였다.

공원에서 노는 아이들을 무심코 보고서 지나갈 수도 있었지만 그 장면은 발명의 힌트가 되어주었다. 거울을 통해 지하실을 밝힐 수 있다는 발상으로 인해 '거울을 사용하여 햇빛을 지하로 끌어들여 화분에 꽃을 기르는 방법'과 '햇빛이 들어오게 해서 쏠라의 원리를 적용한 자급자족 발전기'라는 발상의 발전까지 이루게 되었다.

평범한 하교 길이었지만 아이들 손에 쥐어진 거울은 나에게 새로운 느낌을 주었고 그것은 새로운 발명으로 이어졌다.

'매일의 삶 속에서 반복된 일상을 무심코 스치지 말아야지…. 그것은 곧 내일의 발명이 될 테니까…'

녹색성장은 우리의 일상에서부터 시작되는 것이며 작은 발명이 나라와 세계에 큰 영향을 미친다는 사실을 깨달았다. 평범한 하루를 발명의 하루로 바꿀 수 있었던 그 봄날은 나에게 늘 흐뭇함으로 남아있다.

불편한 점에 주목 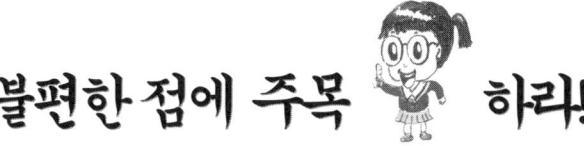 하라!

국토와 부존자원이 부족한 우리나라가 치열한 국가 경쟁 속에서 살아남는 유일한 방법은 뛰어난 과학 기술을 바탕으로 한 고부가가치 산업의 육성과 지식재산권의 확보라고 볼 때, 발명은 창조적인 것이다.

불편함을 생활화로 살아가는 나라로 떠나보자.

아직도 아프리카에서는 수도관이 없어 양동이를 들고 몇 킬로를 걸어 물을 길러 가야하고 병균이 많은 물을 마셔서 아이들이 죽어가기도 한다. 물 뿐만 아니라 우리는 의식할 수 없을 만큼 편리한 혜택을 받고 있는 것은 선조 발명가들의 공로이다.

전기 또한 오지의 섬 등에 살고 있는 사람들에게는 너무

나도 귀한 것이다.

전기는 수력발전소, 화력발전소, 원자력발전소, 풍력발전소, 태양열발전소 등에서 만들어 내고 있으며, 여기에 관련된 부품과 제품은 수없이 많다. 공산품을 만들기 위해 각 공장의 기계가 움직이도록 해 주는 것도 전기의 동력을 이용한 것이다.

어머니들이 밥하는 시간을 단축하기 위해 미리 저녁에 쌀을 넣어 두면 전기 자동밥통이 밥을 시간에 맞게 해 준다. 이것도 전기의 활용방법에 의해 얻어지는 편리한 효과이다.

컬러텔레비전의 연구는 무척 오래 전부터 추진되어 왔다. 1926년에 영국의 베어드가 니프코의 원판을 이용해서 흑백텔레비전의 실험에 성공한 것을 비롯해서, 미국의 벨연구소에서도 컬러텔레비전의 연구와 실험을 하고 있었다.

컬러텔레비전의 원리는 빛의 3원색을 따로 분해해서 수상할 때에 배합하도록 한 것이다. 베어드는 흑백텔레비전의 실험에 성공한 1927년에 컬러텔레비전의 실험에도 성공했다.

이처럼 세상은 점점 편리하고 윤택하게 발전되어 왔다. 그것은 불편을 해결하고자 하는 사람들의 욕구에 의한 것이다. 더 나은 미래를 꿈꾸는 사람들의 노력과 소망이 발명이란 이름으로 이루어지고 있는 것이다.

사람들이 필요로 하는 발명을 하고 싶다면 지금의 불편에
주목하라!

석순이의 공부방

자~!! 이제 생활의 느낌을 잘 포착해야 발명의 시작이
이루어 질 수 있음을 알게 되었어! 그 다음으로 생각해
야 할 것은 생활의 느낌 중에서도 불편한 점에 주목하
는 거야.

발명은 인류와 자연의 편리와 보호를 위해 존재되어야
해. 아무리 위대한 발명이라고 할지라도 불편을 주는
물건이라면 그것은 좋은 발명품이라고 말할 수 없단다.
현재의 불편함을 해결해 줄 수 있는 발명이 좋은 발명
이야~.

용순이가 최근에 가장 불편했던 경험은 있다면 말해볼
까?

불편했던 경험이라…. 이번 겨울에 너무 추워서 장갑을 끼고 다녔는데 장갑을 끼고 있다가 전화가 오면 장갑을 벗어야 통화를 할 수 있어서 불편했어요.
스마트 폰이 편리한 점도 많은데 추운 날 화면을 터치할 때 장갑을 벗지 않고서도 스마트 폰을 작동할 수 있으면 좋겠다는 생각이 들어요.

좋은 발견이야! 용순이의 그런 불편한 점을 다른 사람들도 동일하게 느꼈단다. 그래서 올 겨울 스마트 폰용 장갑이 출시되었지. 스마트 폰용 장갑은 장갑을 벗지 않아도 스마트 폰이 인식하게 되어있어.

그런 것이 있었군요. 전 그것도 모르고 불평만 하고 있었어요.

용순아! 발명 옆에 발명 있어.

아니 내 옆에는 발명이 보이지도 않고 없는데.

음~ 음성 인식으로 작동되는 스마트폰이 발명될 거야. 불편함을 주는 사물에 관심과 관찰을 하여 방법을 바꾸어 주면 옆에, 옆에서 거듭 발명이 이루어지는 거야.

그 장갑을 발명한 사람 또한 용순이 처럼 똑같은 불편

한 경험을 하고서 그 장갑을 개발했을 거야. 우리 모두
는 비슷한 경험을 하지만 누군가는 그것을 발명으로 이
어가고 누군가는 계속 불편해 하기만 하지.

그래서 불편을 개선하려는 생각이 발명의 중요한 요소
가 된단다. 우리 삶에 불편한 상황들이 많다는 것은 발
명할 것도 무궁무진하다는 것을 의미해. 그럼 발명선생
님의 이야기를 들어보자.

한눈에 쏙~!

현대인들이 가장 못 참는 것이 무엇이라고 생각하는가?
그것은 바로 불편일 것이다. 어떤 기계를 사용하다가 불편함
을 느끼면 더 이상 그 기계를 사용하지 않는다. 레스토랑에
들어가서 서비스에 불편을 느낀다면 당장 책임자에게 불편
을 호소한다.

현대 문명은 편리를 추구하려는 사람들의 욕구와 불편
을 해결해 주려는 사람들의 노력으로 엄청난 발전과 빠른 성

불편한 점에 주목하라

장을 이루어 왔다. 이것은 '불편'이라는 느낌이 발전의 시작임을 이야기 해주고 있는 것이다. 불편한 느낌을 받았을 때, 불편한 상황을 반복할 때 우리는 그냥 넘어가서는 안 된다.

그러한 불편함을 안일하게 생각하지 않고 변화시켜 일상의 편리를 안겨준 한 사람이 있다.

일본의 후쿠이는 평범한 샐러리맨이었다. 그는 별다른 욕심 없이 그저 건강하게 일하는 것을 만족하게 느끼며 살아가고 있었다. 하지만 그는 자신에게 맡겨진 일에는 최선을 다해 꼭 이루어 내는 성실한 사람이기도 했다.

어느 날 후쿠이는 감기 몸살로 심하게 앓아눕게 되었다. 과로가 겹친 탓이었다.

'일이 많이 밀려 있는데, 이렇게 누워 있다니…. 큰일이구먼.'

웬만한 병이라면 털고 일어나 출근할 후쿠이였지만, 도저히 일어날 수가 없었다. 그는 침대에 누워 쉬고 있었다. 침대 옆에는 난로가 있고, 그 위에서는 물이 담긴 주전자가 수증기를 뿜어내고 있었다. 방 안이 따뜻해지자 후쿠이는 자신도 모르게 잠에 빠져들었다.

얼마쯤 지났을까?

'덜커덩, 덜커덩….'

그의 단잠을 깨우는 소리가 들렸다. 주전자 속의 물이 끓자 뚜껑이 들썩거리는 소리였다. 시간이 지날수록 수증기의 힘은 강해져, 덜컹거리는 소리는 더욱 커졌다.

'방 안이 건조하니 주전자를 올려놓기는 해야 할 텐데, 뚜껑이 덜컹거리는 소리 때문에 제대로 잠을 잘 수가 없으니, 거 참 난감하군.'

그렇다고 아예 뚜껑을 열어 놓을 수도 없는 노릇이었다.

그 순간 후쿠이의 눈에 확 들어오는 물건이 있었다. 송곳이었다. 그는 송곳을 집어 들고 신경질적으로 주전자 뚜껑에 구멍을 뚫었다. 그러자 신기하게도 뚜껑이 들썩거리는 소리가 멎었다. 게다가 구멍을 통해 빠져 나온 수증기는 방 안의 습도 유지에 안성맞춤이었다.

후쿠이는 다시 침대로 돌아가 정신없이 잠 속에 빠져들었다. 한참을 늘어지게 잔 다음, 후쿠이는 정신을 차리고 주전자 뚜껑을 살펴보았다. 주전자 속의 물은 계속 끓고 있었지만, 덜컹거리는 소리는 들리지 않았다. 송곳으로 구멍을 뚫은 구멍 사이로 수증기가 알맞게 새어 나오고 있었기 때문이었다.

주전자 뚜껑에 구멍을 뚫어서 여러모로 훨씬 편리해졌

불편한 점에 주목하라

고 수증기로 물이 끓고 있는 것을 알게 되면 가스 연료 절약이 되어서 일석이조가 되는 발명이 탄생 한 것이다.'

후쿠이는 덜컹거리는 소리에 잠을 잘 수가 없었지만. 불편한 점을 주목하고 순간적으로 송곳으로 구멍을 뚫게 되였고 간단하지만 실용적인 이 아이디어를 특허 출원을 하게 되었다.

특허청을 찾은 후쿠이는 '구멍 뚫린 주전자 뚜껑'의 실용신안 출원을 마쳤다. 이 소식이 알려지자 주전자 공장은 물론 냄비 공장에서까지 후쿠이를 찾아왔다.

"후쿠이 씨, 로열티를 지불하겠으니 저희에게 그 권리를 양도해 주십시오."

후쿠이는 거절할 이유가 없었다.

시간이 지날수록 구멍 뚫린 뚜껑의 인기는 높아져 갔고, 후쿠이의 수입 또한 계속 늘어났다.

이렇게 구멍 하나가 소리를 나지 않게 해줌으로써 실용적이고 편리성을 주었다면 발명 옆에 또 다른 발명을 찾아볼 수 있을 것이다.

예를 들어 주전자에 여과망을 설치하여 구멍으로 찌꺼기를 걸러 내주므로 편리하게 찌꺼기를 걸러 주는 주전자가 탄생하게 된 것이다.

구멍이 다양한 형상으로 적용한 발명 원리와 구조기능을 알고 사례를 살펴보면 재미있으며 다른 사물에도 얼마든지 적용하면 된다.

실을 꿰는 바늘구멍이 없다면 바느질을 할 수 있을까?

우표의 사면 구멍이 없다면 칼이나 가위가 필요할 것이다.

구멍의 종류를 살펴보면 원형, 타원형, 사각형, 육각형, 팔각형 등과 USB를 연결하는 이어폰 구멍과 암수의 구멍으로는 똑딱 단추 구멍도 있다.

가위는 중심에 핀을 끼우는 구멍으로 가위의 기능을 갖게 된 것이다.

다른 사물에도 구멍을 뚫어서 지금보다 훨씬 편리해지는 사물을 찾는 사람은 그것이 바로 자기 아이디어가 된다.

학교에서   발명교육은
여러 교과와 관련성이
매우 높다.

학습을 통해 알게 된 원리를 직접 이용하여 아이디어를
내어 보고 원리 자체에 대한 이해를 깊게 하면서 학습 자체에
대한 흥미를 높일 수 있다.

창의적인 능력을 신장시켜서 일상생활에서 부딪친 문제
를 여러 가지 방법으로 해결해 보면 미적 영감을 얻을 수도
있다. 아이디어를 창출 한다거나 실제로 작동 시연하는 과학
적 사고력과 창조적 학습능력에서 얻은 지식의 밑거름으로 나
는 교실의 책상에 관하여 도전해 보았다.

우리가 사용하고 있는 학교 교실 책상은 너무 좁다. 책과
공책을 펼쳐 놓으면 겨우 필통 놓을 자리만 남는다. 크기가
큰 문제집이라도 펼쳐 놓게 되면 더 좁아져 불편하기 짝이 없
고, 과학이나 미술 시간이라도 되면 필요한 물건들을 모두 올
려놓지도 못하고 불편을 느끼는 경우가 많다.

미술 시간이 되면 책상은 난장판이 되어버린다. 특히 물
감을 이용해서 그림을 그릴 때면 책상 위는 빈틈이 없을 만큼

비좁다는 생각을 자주 한다.

과연 어떻게 하면 책상을 좀 더 넓게 쓸 수 있을까! 나는 오랫동안 고민해왔다. 꼭 필요하지 않은 물건은 서랍에 넣어 놓고 쓴다지만, 자주 사용하는 물건들은 언제든 손쉽게 사용할 수 있도록 책상 위에 모두 올려놓고 싶은 마음이 들 때가 많았다. 책상이 넓으면 얼마나 좋을까. 하지만 책상을 무작정 넓힐 수는 없는 노릇이다.

그래서 편리한 다기능 책상을 만들어 보기로 결심했다. 학년과 과목에 따라서 책상 상판의 면적을 크게 만들거나 작게 만들 수 있는 책상이라면 좋겠다고 생각했다. 크기를 조절하려면 어떻게 해야 할까? 이런 저런 많은 생각을 하고 있는데 마침 아파트 단지 내에 알뜰 장터가 열렸다.

알뜰 장터는 일주일에 한번 생선, 야채, 두부, 계란 같은 것을 파는 임시 가게들이 서는 것이다. 알뜰 장터는 매일 열리는 것이 아니기 때문에 천막을 펴서 임시로 가게를 만든다.

마침 그곳에서 천막을 세우는 모습을 볼 수 있었다. 접었다 펴는 천막이었다. 접었을 때는 부피가 줄어들었지만 펼치니 그늘이 생겼다. 접었다 편다고?…. 그렇다면?…. 머릿속에 반짝 불이 켜지는 느낌이었다.

책상에 보조 상판을 만들어 부착하는 것이다. 쓰지 않을 때는 접어두었다가 필요할 때마다 펼쳐서 넓게 만드는 것이다. 설계를 하다 보니 기어를 달면 180도까지 회전을 시킬 수도 있다는 생각이 들었다. 보조 상판을 세우면 어떻게 쓸 수 있을까?

먼저 웜기어에 핸들을 달아 쉽게 회전시킬 수 있게 한다. 보조 상판을 펴면 훨씬 넓은 책상이 되는 것이다.

그리고 보조 철판을 세우면 책을 기대어 놓는 독서대가 되고 화판을 세우면 이젤의 역할까지 가능해진다.

그리고 하단의 받침에 ㄷ자 홈을 형성하여 필기구 함이 되도록 함으로써 분실과 파손을 방지할 수 있어서 실용적이다.

이제 이 다기능 책상을 쓰면 미술시간에 물통을 엎지르거나 책이나 필통을 떨어뜨리는 일이 줄어들 것이다. 또한 독서대로도 사용할 수 있으니 훨씬 편리하고 기분 좋게 공부를 할 수 있을 것이다.

내가 발명한 이 만능 다기능 책상이 즐거움과 웃음이 가득차고 희망과 미래를 꿈꿔 나가는 즐거운 학교를 만들어 줄 것이라는 생각을 하니 벌써부터 가슴이 벅차오른다.

불편한 점에 주목하라

일상을 메모  하라!

인간에게는 기억해야 할 것과 잊어버려야 할 것이 있다. 그런데 꼭 기억해야 할 것은 잊어버리고, 잊어버려도 좋을 것은 기억하는 못난 습성이 있다.

꼭 기억해야 할 것은 순간순간 떠오르는 아이디어를 비롯하여, 하루 종일 공부한 내용, 약속 등이 있고, 잊어버려야 좋은 것은 나쁘고 슬픈 기억들일 것이다.

세월이 약이라는 말도 있듯이 인간에게 망각이라는 기능이 있어서, 시간이 지남에 따라 기억이 사라지는 것은 필요한 것 중의 하나이다.

그러나 출근길 자동차 안에서나, 통학버스 안에서 아주 기발한 아이디어를 생각했는데, 목적지에 도착해보니 도무지 떠오르지 않아 황당한 경우가 종종 있다.

아이디어는 떠오르는 즉시 기록하는 것이 좋다.

기록은 우수한 아이디어를 창출해 내기 위한 지름길이고, 요즘처럼 정보의 홍수 속에서라면 필수적이라고 할 수 있다. 기록은 발명의 원천이요, 기록하지 않고 성공한 사람은 한 사람도 없다고 할 만큼 중요한 것이다.

역사적으로 유명한 발명가, 정치가, 음악가들은 모두 기록 광이었던 것이다.

종이비누, 환풍기 등의 발명으로 대기업의 사장이 된 Y씨는 회사에서나 집에서, 걷고 있을 때나 차 안에서 떠오르는 아이디어를 빠짐없이 기록했다 한다. 특히 미국과 일본에 이은 세 번째의 첨단기술제품인 TV모니터의 발명 또한 기록이 밑거름이었다.

기록하라고 해서, 무조건 기록만 해서는 그 효과를 볼 수 없다.

기록을 하는 방법에도 아이디어가 필요하다. 요점을 알기 쉽게 기록할 뿐만 아니라 스케치 정도의 그림, 특징 등을 덧붙여 두는 것이 좋다. 그림은 문장 이상으로 창의력을 자극하고, 연상 작용을 하기 때문이다.

또한 메모는 기발한 발명의 원천을 가진다. 생각으로 가지고 있던 것을 기록하는 순간 한 번 더 생각하게 되고 보완해야 할 사항들이 떠오르게 되는 것이다. 기록을 많이 하면 할수록 생각하는 난이도가 높아지고 그러한 아이디어는 더욱 많은 단점들을 보완할 수 있게 된다.

기록은 겸손의 태도이다. 스쳐가는 생각 하나까지도 '기억나겠지…' 하는 안일한 마음이 아니라 기록하여 보관하는 것이 배우는 사람의 자세일 것이다.

자연과 세상이 보여주는 수많은 속삭임들을 오늘부터 기록해 보는 건 어떨까?

석순이의 공부방

자~ 이제 생활의 불편한 사항들을 포착해야 한다는 것까지 알게 되었어. 그럼 다음으로는 그러한 일들을 기록으로 남겨 두어야 한다는 거야.

아!! 저도 메모광 링컨대통령의 이야기를 들은 적이 있어요.

맞아. 링컨은 모자 속에 종이와 연필을 넣어두고 언제든지 기록할 수 있게 했지. 그래서 링컨의 모자를 '움직이는 사무실'이라고 불렀단다.
링컨뿐만 아니라 슈베르트는 머릿속에 아름다운 악상이 흐르면 언제나 기록했다고 해. 어느 때는 식당의 식단표에, 어느 때는 자신이 입고 있는 옷에까지 기록을 했다고 하지.

옷에 까지요? 정말 기록에 대한 열정이 대단한데요. 저도 요즘 금방 생각났던 것이 돌아서면 잊어버릴 때가 많긴 해요. 아직 나이도 어린데….

용순아, 그건 나이 탓이 아니라 누구든지 기록하지 않으면 모든 것을 기억할 수 없는 거란다. 기록하지 않고 훌륭한 발명인이 된 경우는 없어. 기록은 후일에 바로 발명의 재료가 되는 것이야.
처음에 아이디어가 떠올랐을 때에는 '아주 기발하다!'라고 생각하게 되지만 기록하다보면 생각하지 못한 결점들을 보게 되지. 그러한 결점들을 보완하고 수정할 수 있는 기능 또한 기록의 역할이란다.

그럼 기록은 두 가지의 기능이 있는 거군요. 우선은 떠오른 발상을 저장해 두는 기능과 또 그것이 발전되어지는 과정을 알 수 있는 기능이요. 정말 기록은 발명의 필수 요소인 것 같아요.

맞아!! 기록하지 않고서 생각으로 발명을 한다는 것은 낚싯대를 바다에 던지지 않고 머리로만 고기를 잡겠다는 모습과 같아. 우리가 발명의 대표인물로 꼽는 에디슨도 메모 왕이었다는 사실을 안다면 절대 메모를 소홀하게 여길 수 없을 거야!

발명왕 에디슨이 메모 왕이었다니…. 오늘 부터라도 당장 발명노트를 만들어야겠어요!

좋은 생각이야. 발명을 구체화시키기 원한다면 자기만의 발명노트를 가지고 있는 것이 좋지. 발명아저씨를 통해 메모하는 기술에 대해 들어보자.

한눈에 쏙~!

발명노트에 메모하는 방법 에 대해 알아보자.

일상생활에서 사용하는 물건들 중에서 불편한 것을 느끼게 되는 경우 제목과 내용, 무엇이 어디가 어떻게 불편하였는지 자세하게 메모를 해 놓으면 노트를 볼 때마다 쉽게 이해를 할 수 있으며 후에 탐구 논문 자료가 된다.

에디슨은 16살 때부터 세상을 떠날 때까지 평생 1902건의 발명특허를 얻었다. 이는 한 달에 한 건 꼴로 발명을 해내는 전무후무한 기록이다.

그러나 그는 조금 전에 한 말도 금세 잊어버리는 '까마귀 형' 인간이었고, 이 때문에 메모하는 습관을 들이기 시작했다. 사소한 착상이 떠오를 때마다 이를 메모하고 여기에 또 다른 생각들을 더해 위대한 발명품을 탄생시킨 것이다.

그의 연구실에서 발견된 발명 메모가 3,500가지가 넘는다고 한다. 그는 발명왕이기 전에 메모 왕이었다.

좋은 발명을 하려면 반드시 메모하는 습관을 들여야 한다. 사람들은 순간순간 좋은 아이디어를 떠올리거나 이야기하곤 하지만 정작 기록해 두지 않는다.

후에 똑같은 아이디어로 상품이 출시되거나 특허출원이 되는 경우를 보게 되면 '아! 나도 저런 생각을 했었는데…'라며 안타까워한다.

누구나 좋은 아이디어를 한번쯤 생각할 수 있다. 그러나 메모하지 않는다면 다시 생각해 내는 것은 쉬운 일이 아닐 것이다. 아이디어를 떠올리고 그것을 메모한 사람만이 아이디어의 진짜 주인이라고 할 수 있다.

♧ 메모 왕이 되는 3가지 방법

① 언제 어디서든 메모하라.

머릿속에 떠오른 생각은 그 자리에서 바로 기록하는 것이 메모의 법칙이다. 잠들기 직전 침대위에서든지, 목욕할 때, 밥을 먹을 때에도 생각이 떠오르면 메모를 한다. 또한 언제든지 메모할 수 있도록 메모가 가능한 도구들을 항상 가지고 다닌다.

② 기호와 암호를 활용하라.

메모할 때 반드시 '글자'만 쓰란 법은 없다. 자신이 보고 무슨 내용인지 알 수 있으면 된다. 중요한 것은 자신만의 메모 규칙을 만드는 것이다. 그림이나 기호 등으로 표현하여 메모를 완성하는 것도 좋은 방법이다.

③ 중요 사항은 한눈에 띄게 하라.

시간이 지난 후 다시 검토했을 때 중요한 부분이 한눈에 들어오는 것이 좋은 메모다. 중요한 사항에 밑줄을 긋거나 동그라미를 그리는 방법을 쓰거나 색을 다르게 표현해 둔다. 또한 중요한 내용은 짧은 문장으로 요약하면 확인하기 좋다.

좋은 것은 습관으로 만드는 것이 현명하다. 자신의 생각과 일과를 기록으로 남겨두는 것이 처음에는 어려울지 모르지만 하루 이틀 쌓이다 보면 자연스러운 일과가 된다. 그렇게 하루를 기록하는 습관을 들이면 메모는 더 이상 일이 아니라 생활이 될 수 있다.

메모하는 것이 귀찮다고 느껴지거나 어렵다고 느끼는 사

일상을 메모하라

람들이 있다면 친한 친구와 함께 교환일기 쓰기, 포스트잇에 명언들을 적어 방 한편을 꾸며보기 등으로 메모의 재미를 키워 보는 것도 좋을 것 같다.

나는 중학교 2학년 때부터 중학교 과학 선생님과 교환일기를 쓰며 그곳에 소소한 이야기들을 쓰기 시작했다. 그곳에는 꿈에 대한 이야기뿐만 아니라 생활에 아주 장난스러운 이야기까지 진솔하게 담겨있다.

중요하지 않을 법해 보이는 부분들까지도 기록해 둠으로써 후에 생각의 변화를 볼 수 있는 좋은 매체가 되었다. 누군가와의 교환일기, 혹은 혼자서 쓰는 일기장에 하루의 일들을 적어나가다 보면 그것은 또 다른 나를 볼 수 있는 시간이 되어있을 것이다.

일기를 쓰면서 길러진 나의 메모 습관은 후에 발명을 할 때에도 좋은 밑거름이 되어주었다. 순간 생각나는 아이디어를 적기도 하고 친구들과 회의를 할 때에도 나만의 메모방법으로 정리를 하면서 내용을 만들어갔다.

이러한 메모들은 나에겐 발명품과 같은 가치를 가지고 있다. 아이디어가 특허를 받기까지 흘렸던 땀과 생각의 변화들을 한 눈에 볼 수 있기 때문이다.

　　이처럼 메모는 스쳐 지나가는 소소한 작업의 과정일지도 모르지만 큰 도움을 얻을 수 있는 좋은 방법이다.

　　어머니께서는 항상 냉장고에 메모장을 붙여 놓고 외출하셔서 우리 가족은 어머니가 현재 어디에 계시고 무슨 일을 하시는지를 잘 알고 있다.

그런데 하루는 늘 테이프로 붙여 놓으시던 메모장을 테이프가 없어서 그러셨는지 자석달린 오프너를 이용하여 부착시켜 놓으셨다.

다른 가족들도 메모장 아래 부분에 외출 사유를 적어 놓기 위하여 오프너를 떼어내고 메모지를 끼워두었는데 쉽게 분리가 되고 간편하여 편리한 느낌을 받았으며, 테이프 자국이 없어서 냉장고 문이 더러워지는 것 또한 방지할 수 있었다.

이처럼 메모를 남기는 방법에서도 좋은 아이디어가 필요하듯이 우리 주변을 관심을 가지고 살펴보면 사소한 것 하나하나가 생활의 지혜가 되며 생활아이디어가 되는 것이다.

세밀한 관심이 발명의 시작이다!

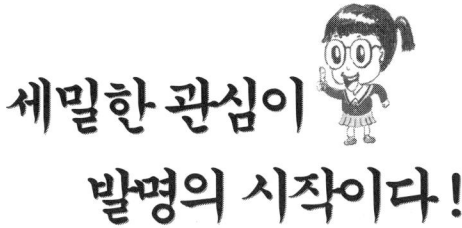

히트상품은 많은 사람들이 사용하는 만큼 그것을 응용하는 방법에 따라 새로운 히트상품으로 탈바꿈한다. 따라서 히트상품을 적절히 이용하는 것도 훌륭한 아이디어 창안법이 된다.

그 중 대표적인 것이 히트상품끼리 결합시키는 것이다. 물론, 아무렇게나 결합한다고 해서 모두 성공하는 것은 아니다.

자연계의 모든 생물도 짝짓기에 일정한 규칙과 방법이 있듯이, 상품화가 가능한 발명 아이디어나 히트상품의 결합에도 나름대로의 특성을 이용하는 공식이 있다.

특성을 이용하려면 먼저, 여러 각도에서 검토하여 장단점을 분석해야 한다. 단점이나 불편한 점은 또 다른 아이디어를 만들어내는 시발점이기 때문이다.

다음에는 그 특성들을 충분히 살릴 수 있는 아이디어를 택하여, 결합을 시도해야 하는 것이다. 장점은 살리고, 단점은 서로 보완할 수 있는 것이 좋은 결합이다. 히트상품에는 성공을 보장받는 결정적 단서가 있다. 이것을 제대로 찾아내 연결시켜야만 쓸모 있는 아이디어가 탄생한다.

예를 들어 세탁기의 경우를 생각해 보자. 힘들이지 않고 많은 빨래를 할 수 있어, 바쁜 현대인에겐 필수품으로 어느 집에든 한 대 이상은 있다. 그야말로 히트상품 중의 히트상품인 것이다.

그러나 철저히 관찰하고, 검토해보면 여기에도 단점은 있다. 개발의 여지가 충분히 있다는 이야기다.

"자리를 너무 많이 차지하고, 물도 많이 소비됩니다."

"깨끗하게 헹궈지지 않고, 옷감이 너무 빨리 닳아요."

주부들은 이런 하소연을 할 것이다.

이 문제에 초점을 맞추어 생각하던 어느 주부가, 세탁기의 교반 날개를 욕조 밑에 달아 평상시엔 목욕 욕조로, 빨래를 할 때는 세탁기로 이용이 가능하게 하여 공간을 적절히 활용하게 했다.

발명을 하거나 아이디어를 내는 과정은 세심한 관찰과 집중력이 필요하다.

손님에게 물건을 포장해 주는데 포장 끈 뭉치가 한없이 풀어지면 되감는 시간이 많이 걸리므로 미리 신경을 써야 하는 것처럼 많은 노력과 의지와 신념을 요구한다.

세계적인 발명가나 성공한 기업들은 반드시 세심한 관심과 관찰에서 목표가 설정된 한 가지 일에 매달려 눈물과 땀과 열정을 쏟아 부은 집념이 바탕이 되어 주었을 것이다.

이렇듯 한 물건에 대한 세밀한 관심은 지금껏 보지 못했던 점들을 찾아내고 그것을 보완할 수 있게 한다. 흔하게 있는 장면들이나 물건들 또한 세밀한 관심을 기울인다면 그 안에서 새로운 것을 찾아 낼 수 있을 것이다.

발명가로서 성공을 원한다면 세심한 관찰과 관심을 갖고 도전에 응해야 한다.

자신에 맞는 발명의 목표를 설정하고 주의 깊게 관찰하며 묵묵히 개선의 노력을 보이면 그곳에는 뜻밖의 아이디어가 숨어 있는 것도 발견 할 수 있으며 개선 만으로도 발명의 목표를 달성할 수 있다.

세밀한 관심이 발명의 시작이다

석순이의 공부방

자! 이제 메모하는 습관까지 들였다면 그 다음부터는 좀 더 작은 범위에서 집중하는 능력을 요구하게 돼. 생활 속의 느낌들을 포착하고 그 안에서 불편한 사항들을 모아서 기록했다면 이제 세밀한 관심을 기울이는 거지.

세밀한 관심이요? 음… 전 산만해서 그런 거 잘 못하는데…

걱정하지 마. 저절로 관심이 갈 테니까. 무엇이든지 억지로 하는 것은 좋은 결과를 낳지 못해.
용순이가 자연스럽게 눈길이 가고 관심이 가는 사물에 조금만 더 시간을 들여 본다고 생각하면 그렇게 어렵지는 않을 거야.

아! 그러니까 그 말은 무엇이든지 즐겁게 해야 한다는 말이군요!!

그럼! 똑똑한 사람은 즐기는 사람을 이길 수 없다는 말도 있잖아. 우리, 더 즐겁게 발명의 나라에 한걸음 내딛어 보자. 즐겁고 여유 있을 때 우리의 뇌는 더 창조적으로 작동하거든.

관심을 갖는다는 것은 단순히 집중만을 의미하는 것은 아니야. 보다 폭넓게 보고, 느끼고, 생각하는 거지. 오히려 자유롭게 생각해 본다고 말할 수도 있어.

그렇게 다양한 생각과 정보가 쌓이면 자연스럽게 그 대상에 대한 집중도가 높아지고 그럼 좋은 발명을 할 수가 있어.

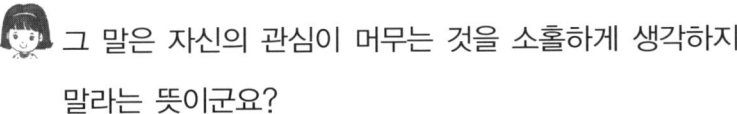 그 말은 자신의 관심이 머무는 것을 소홀하게 생각하지 말라는 뜻이군요?

맞아. 자신이 좋아하고 관심이 가는 것을 두고 여러 방면으로 고민해 본다면 그 안에 분명 기발한발명이 숨겨져 있을 거야. 발명의 시작은 사건이나 사물에 대한 관찰에서 시작되는 법이니까!

세밀한 관심이 발명의 시작이다

세심한 관찰은 때때로 대 발명을 낳는다.

오늘날 세계에서 가장 명예롭고 권위 있는 상으로 불리는 노벨상의 밑거름이 된 다이너마이트의 발명도 주의 깊은 관찰로부터 나왔다.

발명가는 노벨. 당시 그는 전문교육을 받은 과학자도 아니었으며, 액체폭약을 생산하는 아버지의 일을 돕는 평범한 청년이었다. 그 당시 사용하던 액체폭약은 니트로글리세린이라는 화학물질을 원료로 하고 있었는데 이것은 조그만 충격에도 잘 폭발하는 성질을 가지고 있었다.

수시로 폭발사고가 발생했고 그때마다 수많은 사람들이 목숨을 잃거나 크고 작은 부상을 당했다.

노벨의 동생도 희생자 중의 하나였다.

어느 날, 아버지의 일을 돕다가 노벨은 실수로 실험대위의 액체시약병을 넘어뜨렸다. 그런데 여기서 묘한 현상이 일어났다. 때마침 실험대위에 놓여있던 숯가루 쪽으로 시약이 쏟아졌는데 모조리 스며들어 한 방울도 아래로 흘러내리지 않는 것이었다.

이 광경을 본 순간 노벨은 기발한 아이디어를 떠올렸다.

'맞아, 액체를 고체로 만들면 무척 안전하겠구나!'

그날 이후 그는 매일 숯가루, 톱밥, 벽돌 가루 등에 니트로글리세린을 배합해 고체로 만들어 폭발력을 실험했다.

그러나 하나같이 제대로 폭발되지 않거나 폭발돼도 힘이 기준에 미치지 못했다.

실의에 빠진 나날을 보내던 노벨에게 두 번째 행운이 찾아왔다.

니트로글리세린이 든 통을 기차에서 내리는 운반 작업 도중 어디에 구멍이 뚫렸는지 통속의 액이 새어나와 주위의 규조토에 스며들어 굳어지는 것이 아닌가.

자세히 살펴보니 규조토는 이전의 숯가루, 톱밥 등의 실험재료에 비해 니트로글리세린을 두 배 이상 빨아들이는 것이었다.

'그래 바로 이것이 내가 그토록 애타게 찾던 재료구나'

노벨은 손뼉을 쳤다. 실험결과 그의 예상은 적중했다.

충분한 폭발력을 발휘할 만큼 흡수력이 뛰어나면서도 망치로 두드려도 터지지 않을 만큼 안전하고 견고했다. 오직 한 가지 방법, 즉 뇌관을 사용했을 때만 강력한 힘을 내며 '꽝꽝' 터졌다.

세밀한 관심이 발명의 시작이다

노벨은 필요한 때만 터지는 이 고체폭발물을 다이너마이트라고 이름 붙였다. 이때가 1867년 가을. 그 무렵 때맞춰 수에즈운하가 건설되고 알프스산맥에 터널을 뚫는 등 대공사가 줄을 이어 다이너마이트는 나오자마자 엄청나게 팔려 나갔다. 덕분에 돈방석에 올라앉았다.

막대한 그의 재산으로 노벨의 유언에 따라 전부 기금으로 만들어져 그는 죽었지만 역사와 전통에 빛나는 그의 '노벨상'은 영원히 인류와 함께 살게 됐다.

예리한 관찰과 끊임없는 도전. 이것이 인류의 생활을 윤택하고 행복하게 하는 원동력이다.

눈을 크게 뜨고, 시간과 장소를 가리지 않고 자신의 주변에서 아니 움직이는 곳곳에 새로운 발명으로 거듭나기를 바라는 사물들이 주인을 기다리고 있다.

발명으로 황금 캐고 싶으면 조금만 더 생각하고 관찰하는 사람에게 찾아 올 것이다.

교육봉사를 맡았던 다문화 가
정학생의 집을 처음 방문했을
때, 그 곳의 열악한 환경을 보며 도움을 줄 수 있는 방법을 고
민하다가 아이디어를 내어 처음으로 특허를 받았던 발명품을
생각하면 아직도 심장이 뛴다.

어둡고 환기도 제대로 되지 않는 반 지하방에서 생활하는
열악한 상황을 보면서 도움이 될 수 있는 방법이 없을까 고민
하게 되었지.

환풍 시설과 부담 없는 전기 생산에 초점을 맞추고 발명
한 '환풍팬에서 배출되는 폐 바람을 이용한 발전장치'는 환
풍기 후면에 팬이 달린 발전기를 장착하여 외부로 배출되는
폐 바람으로 새로운 전력을 생산할 수 있는 장치인데 발전기
축의 날개(팬)의 회전력을 높이기 위해 팬 하우징에 다수의
구멍을 내었다.

바람의 마찰력을 줄여서 회전력을 향상시켜 발생된 발전
기의 전기를 컨트롤박스에 저장하고 필요한 가전제품에 재공
급할 수 있도록 한 원리!!

이 작품은 가정이나 건물의 비상구 등과 간판이나 가전제

품생산 산업 현장에서도 손쉽게 사용할 수 있게 함으로써 환경오염 없는 자원 재활용에너지로서의 역할은 물론 자원 절감과 전기 산업 발전에 크게 이바지 할 것이다.

이처럼 발명은 우리의 생활 사회와 움직이는 반경에 이르기까지 보통 사람들은 누구든지 할 수 있었던 일을 누군가 먼저 했을 따름이다.

값지고 보람 있는 발명 설계에 자신이 먼저 도전하여 인류에게 유익을 주는 사람이 되어보자.

오늘의 호기심은
내일의 발명품

인간의 정신활동은 너무나 오묘하고 복잡하여 그 깊이를 측정할 수 없다. 인간이 가진 육체적 한계나 생물적 특성이 정신활동에 의해 깨어지는 것은 물론, 시공을 초월하여 우주를 향해 무한히 뻗어나갈 수 있는 잠재능력을 지녔기 때문이다.

그 단적인 예는 현실의 굴레를 벗고 마음대로 날아오르게 할 수 있는 공상의 힘이다. 공상의 세계를 가면 인간의 등에 날개가 돋고 지느러미가 생겨난다. 공기가 희박한 우주의 악조건도 전혀 장애가 되지 못하고, 어디든 마음대로 뚫고 확장해 나갈 수 있다.

공상의 세계는 이런 무형의 세계에서 그치는 것이 아니라, 무제한으로 뻗어나는 공상력을 거대한 설계도로 활용할 수 있다는데 더 큰 위력이 있다.

내시경의 예를 들어보자.

신비로운 인체의 내부를 들여다보는 것은 인류의 오랜 숙원이었다. 환자의 치료를 위해 신체내부의 모든 부분을 눈으로 보는 것만큼 확실한 진료는 없기 때문이다.

위의 통증을 호소하는 사람을 진단하려면, 그 내부의 상태를 들여다보는 것이 급선무였다.

그러나 생물체만큼 그 구조가 완벽한 것도 없어, 살아있는 이상 내부를 본다는 것은 불가능했다. 그런데 한 기술자의 공상력이 활동을 발휘했다.

"카메라로 위의 내부를 비추어 볼 수는 없을까?"

광학공업사에 근무하던 그는 자신을 둘러싼 카메라들을 볼 때마다 사람의 뱃속을 마음대로 들락거리는 공상을 했다.

그 결과, 위암의 조기치료를 가능케 했을 뿐만 아니라, 의학계를 진일보시키는 쾌거를 올렸다.

공상력은 또한 기술의 한계나, 지식의 부족함을 메워 주기도 하고, 못난이를 백설 공주처럼 예쁘게 만들어 내는 성형술을 발전시키기도 한다.

오늘날 사용하고 있는 물건들이 반드시 편리하거나 실용적인가에 대해 호기심을 가지고 역발상으로 도전하다면 발명이 보일 것이다.

모양, 크기, 방향과 수, 물질과 성질 등 반대로 아니 거꾸로 하면 더 좋은 효과를 얻을 수 있는 것들이 있다.

공상력은 곧 가능성이며 출발점이다. 생활을 윤택하게 하는 윤활유이며, 삶의 활력소이고 인간이 가진 진정한 힘의 원천이기도 하다.

석순이의 공부방

용순이가 만약 인간이 아니라면 어떤 생명체가 되었을까?

저는 만약, 인간이 아니라면…. 하늘을 나는 새가 되었으면 좋겠어요! 창공을 날며 먹고 싶은 먹이를 찾고 있는 모습을 상상하면 너무 자유로워요.
그런데 그건 왜 물어보시는 거예요?

'만약' 혹은 '만일'로 시작되는 모든 세계가 호기심을 자극시킬 수 있는 원천이 되기 때문이지.
호기심은 사전적 의미로 새롭고 신기한 것을 좋아하거나 모르는 것을 알고 싶어 하는 마음이란다. 호기심이 많은 사람일수록 훌륭한 발명가가 될 수 있어!
아인슈타인박사가 "나는 특별한 재능이 있는 것이 아니고, 단지 굉장히 호기심이 많다."고 말한 것처럼 호기심은 모든 사고력의 시작 같은 것이지.

그럼 꼭 공부를 잘하지 않아도 호기심만으로도 발명을 할 수 있는 건가요?

어쩌면 용순이 말처럼 호기심이 발명의 전부일 수도

있어. 우리는 흔히 발명가는 과학적이고, 논리적이며, 체계적인 사고의 소유자라고 알고 있어.

그러나 발명가들은 흔히 말하는 몽상가적인 기질을 갖고 있단다. 그들은 가끔 말도 안 되는 일에 열정을 퍼부어 넣으며, 오만 잡동사니에 신경을 쓰고, 허무맹랑한 상상으로 사람들을 놀라게 해.

그것은 다 그들에게 있는 호기심에서 시작되는 거란다

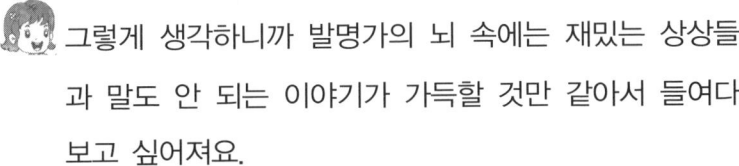 그렇게 생각하니까 발명가의 뇌 속에는 재밌는 상상들과 말도 안 되는 이야기가 가득할 것만 같아서 들여다보고 싶어져요.

발명가의 뇌를 들여다본다는 것도 재밌는 발상인데? 그럼 이제 우리 안에 잠자는 호기심들을 깨워 볼까?

오늘의 호기심은 내일의 발명품

'깎지 않는 연필!'. 이것은 칼로 일일이 깎아서 써야 했던 나무로 된 연필에서 한 단계 더 발전한 획기적인 발명품이다. 이 필기구가 발명된 지는 50여년이 채 안 됐지만, 지금까지도 많은 사람들의 꾸준한 사랑을 받고 있다.

이 발명품의 주인공은 타이완의 홍 려.

그는 대장장이였던 아버지의 일을 도우면서 어릴 때부터 여러 가지 기술을 익혔다. 그 덕분인지 수많은 발명품을 발명해 냈다. 하지만 불운하게도 그의 발명품은 대부분 사람들의 주목을 받지 못했고, 따라서 생활도 더욱 궁핍해져 갔다. 하지만 발명을 멈출 수는 없었다.

그 날도 연구에 몰두하던 홍 려는 연구 과정에서 순간적으로 떠오르는 새로운 아이디어를 기록해 두느라고 종이를 수십 장이나 채워 가면서 밤을 지새우고 있었다.

그러자니 자연히 연필이 자주 부러지기 일쑤였다. 그는 연구과정을 기록하다 말고 또다시 부러진 연필을 든 채 투덜거렸다.

'새로운 생각이 막 떠오르면 부러진 연필부터 다시 깎아

야 하니…. 이렇게 번거로워서야 어디 연구를 계속할 수 있 겠나?'

칼을 집어 연필을 깎던 홍 려는 몸에 밴 관찰력으로 연 필을 뚫어지게 쳐다보고 있었다. 칼자국이 한 번 생길 때마 다 연필심이 조금씩 길어지는 것을 본 홍 려는 무릎을 탁 쳤 다.

'그래, 깎지 않고도 연필심을 조금씩 올라가게 할 수 있 다면, 이렇게 자주 연필을 깎는 번거로움도 없을 테고 손을 베지도 않을 거야.'

이 결심 이후 홍 려는 밤낮으로 연구를 계속했다. 하지 만 연구가 계속될수록 어려움은 커져 갔다. 쉽고 간단하게 끝낼 수 있으리라고 생각했는데, 연필심을 자유롭게 조절할 수 있는 방법이 도무지 떠오르지 않는 것이었다.

어느 날 아침, 홍 려는 이를 닦으려고 치약을 짜내던 도 중에 환호성을 질렀다.

"이거다, 이거야! 내가 왜 진작 이 생각을 못 했을까? 아 침마다 치약의 꽁무니를 눌러 짜면서도 왜 여태 연구의 실마 리를 못 찾았을까?"

치약의 뒷부분을 눌러 치약을 짜 내는 원리를 자신의 깎 지 않는 연필에 응용할 생각에 이르자, 그는 이도 닦지 않은

오늘의 호기심은 내일의 발명품

채 연구실로 향했다.

그리고 며칠 후, 홍 려는 마침내 깎지 않는 연필을 만드는 데 성공했다.

그 구조는 연필의 심을 카트리지에 끼우고, 그것을 속이 빈 플라스틱 파이프에 한 줄에 열 개 씩 넣은 것이 전부였다. 끝의 심이 다 닳으면 카트리지를 빼고, 그것을 파이프의 꽁무니에서 누르면 두 번째 심이 나오게 되어 있었다.

이 연필이 특허 등록되자, 한 문구 회사 사장은 홍 려에게 2억 원에 이 특허를 팔 것을 제안했다.

이때가 1972년이었다.

특허권 양도계약은 순조롭게 이루어 졌고, 특허권을 판 홍 려는 물론 특허권 사업화를 이룬 문구 회사 역시 돈방석에 앉을 수 있었다.

이렇게 필기구에도 관심과 관찰을 하여 개선 개량하는 사람은 누구나 발명가가 될 수 있다.

생활 속의 발명은 아주 가깝고 손쉬운 것에서부터 시작한다.

평상시 자신과 가장 가까운 곳에서 사용 하던 물건에 관심을 갖고 연구한다면 그 분야의 최고 전문가가 될 수 있다.

일상생활 속에서 "이렇게 하면 어떨까?"

"저렇게 하면 어떨까?" 하는 호기심을 가질 때 훌륭한 발명이 탄생한다.

새로운 물건 하나를 손에 쥐면 관심을 가지고 어떤 원리로 인해 돌아가는지를 분석해보는 것은 중요하다. 이미 완성되어진 물건에 만족하기보다 이것은 어떻게 만들어졌으며 누가 왜 만들어졌을까? 이러한 고민들이 나로 하여금 또 다른 발명품을 탄생시키게 한다.

호기심을 가지고 새로운 것을 찾으려고 하는 발명가의 눈을 가져보자.

발명가의 눈은 곧 호기심의 눈이고 호기심의 눈은 곧 어린아이의 눈이다.

어린아이들처럼 관찰해보고 질문해보고 사용해본다면 우리는 더 다양한 것을 보고 생각하고 만들어 낼 것이다.

세상 모든 것들이 그렇듯이 공부도 과정이 즐거워야 효과를 기대할 수 있고 의외의 발상이 받아들여지고 호기심을 불러일으킬 수 있어야 비로소 도전할 마음도 생기는 것이다.

더운 여름날, 눈병으로 안과 병원을 가게 되어서 순서를 기다리고 있는데 치료를 받고 나오는 사람마다 안대를 하고서 안약을 넣는 모습을 보았다.

안약을 넣는데 눈동자에 초점을 맞추지 못하여 옆으로 흘러내리는 모습을 보면서 어떻게 하면 안과 환자들에게 안약 낭비를 줄이면서 쉽게 안약을 투여 할 수 있는 방법을 고민하게 되었다.

'안약이 눈동자에 잘 들어가도록 도와주는 안경이 있다면 어떨까?'

만약 그런 안경이 있다면 소프트렌즈를 착용하여 눈동자에 건조함을 자주 느끼는 사람들이 인공눈물을 넣을 때도 매우 편리할 것이다.

눈병으로 힘들어 하는 사람들에게 유용한 발명품으로 개발되어 널리 보급 되었으면 한다.

chapter 2

발견에서 발명으로

구상의 시작

"이것으로 한 학기 수업을 모두 마치겠어요~~."

선생님의 말씀이 끝나기가 무섭게 아이들의 입에서 힘찬 함성이 흘러나왔다. 곧이어 여름방학을 알리는 종소리가 학교 전체에 울려 퍼지고 우리들은 해방이라도 되었다는 듯이 교실 밖을 잽싸게 빠져나왔다.

집에 오는 길에 선생님께서 하신 말씀이 생각났다.

'개학할 때 자신이 발명한 것 한 가지 이상 가지고 오세요.'

순간 구름 위를 걷고 있는 나의 발걸음은 쇳덩이라도 채워진 것처럼 무거워지기 시작했다. 왜냐하면 발명에는 별 관심이 없었기 때문이다.

'에이 모르겠다. 이번 방학에는 실컷 놀자!'

나는 이렇게 생각하고 가벼운 마음으로 집에 왔다.

"엄마! 학교 다녀왔습니다."

"오늘부터 방학이구나! 아빠도 일찍 들어오신다고 했으니까 모처럼 가족이 함께 고기나 구워 먹자."

"좋아요!"

저녁에 아빠께서 삼겹살을 사들고 오셨다. 가족들은 프라이팬 위에서 지글대는 소리와 함께 느릿하게 구워지는 고기를 보며 군침을 삼켰다.

"자! 이제 다 익었으니 맛있게 먹자."

나는 프라이팬위로 허겁지겁 젓가락질을 하기 시작했다. 일주일 만에 먹어보는 고기라서 그런지 다른 때보다도 연하고 맛있게 느껴졌다.

"용순아! 휴지 좀 가져오너라. 프라이팬의 기름 좀 닦아야겠다."

"예."

방에서 사각휴지통을 들고 나와 엄마께 휴지를 뜯어드렸다. 기름을 깨끗이 닦고 다시 고기를 먹기 시작했다.

"용순아! 휴지 더 줄래? 기름이 또 많아졌구나."

휴지를 뜯으려는 순간 휴지는 통 안으로 들어가 버려서 다시 꺼내야하는 일이 생겼다. 휴지통의 비닐 구멍이 크기 때문에 휴지가 약간만 나와 있으면 자꾸 통 안으로 들어가기 때문에 꺼낼 때마다 아주 귀찮네.

'무슨 좋은 방법이 없을까?'

엄마의 머리가 자꾸 흘러내려 손으로 쓸어 올리시다가 머리핀으로 고정하시는 모습을 본 순간 내 머리는 번쩍 하며 지나가는 것이 있었다.

'바로 저거야! 머리핀과 같이 고정 시킬 수 있는 것!'

밥숟가락을 놓고 얼른 방으로 들어가서 편리한 휴지통을 만들기 위한 연구를 시작했다.

휴지통의 문제점을 발명노트에 차근차근히 기록하면서 문제를 찾아냈다.

사각 휴지통 케이스는 위부분에 꺼내는 홈에 비닐이 갈라져 있는 구조로 만들어져 있기 때문에 사용 후 다음 휴지를 비닐이 힘 있게 잡아주지 못하여 역류해서 들어간다는 사실을 알게 되었다.

바로 역류방지 휴지통이다.

머리핀을 휴지통 양쪽에 끼우고 노랑 고무줄을 연결하여 고무줄 안쪽으로 휴지를 끼우니까 고무의 탄성으로 휴지를 튼튼하게 잡아 주는 사실을 알고 환호성을 질렀다.

바로 발명은 고정관념을 버리고 끈기 있는 관찰과 다른 사물의 기능을 결합하여 더욱 편리하고 실용적이게 하는 도전정신에서 발명은 탄생되는 것이다.

석순이의 공부방

이제 발명을 향한 첫 단계 구상을 시작해보자! 구상의 단계에서는 브레인스토밍에 대해 알아야 한단다.

브레인스토밍이요?? 뭔가 어려울 것 같아요.

아냐. 브레인스토밍이란 몇 사람인가의 사람, 즉 작은 집단이 한가지의 문제를 놓고 서로 아이디어를 내는 일종의 회의기법이란다. 회의에서 아이디어를 내는 것을 가리키게 되었어. 집단의 효과를 살리고 아이디어의 연쇄반응을 내자고 하는 것이야.

그럼 규칙이 따로 있나요??

 물론이지. 브레인스토밍에는 반드시 지켜야 할 4가지 규칙이 있어.

  첫째, 좋고 나쁘다는 비판 금지
  둘째, 자유분방한 분위기 보장
  셋째, 질보다는 양을 구함
  넷째, 타인의 아이디어의 개선 · 결합을 구함

위 4가지 규칙 아래 10명 정도의 집단이 한 가지 문제를 놓고 아이디어를 내는 것이야.

지금까지의 회의는 상대방의 의견(아이디어)에 비판을 하는 사람이 많아 갑론을박의 논쟁을 하는 경우가 대부분이지만, 브레인스토밍에서는 있을 수 없어. 만약 비판을 하는 사람이 나오면 리더(진행자)가 그것을 억제하기로 되어 있단다.

브레인스토밍에 대해 더 자세히 알아보자.

브레인스토밍의 참석 멤버(참석자)는 몇 명 정도가 가장 좋은가? 어떤 경우에는 100명쯤의 멤버를 모아 한 적도 있다. 미국 정부에서는 200명의 멤버를 모아 성공한 경우도 있다. 그러나 미국과 일본에서 수십 년에 걸쳐 활용해 본 결과 멤버는 12명이 가장 좋은 것으로 밝혀졌다.

그러면 멤버는 어떻게 구성하는가? 10명 중 5명은 레귤러 멤버(기존 참석자), 나머지 5명은 게스트(초대 참석자)로 구성한 경우가 이상적이다. 이는 손님, 즉 브레인스토밍에 대해서의 게스트들을 언제나 브레인스토밍의 멤버로 되어있는 사람들과 섞으면 게스트로부터의 각도가 다른 기발한 아이디어가 나오며, 레귤러 멤버는 활발히 아이디어를 내는 역할을 할 수 있기 때문이다.

오스본의 브레인스토밍에서는 전원이 목에 커다란 명찰을 걸었다고 한다. 세크리터리는 리더 옆에 위치하여 나온 아이디어를 기록한다.

일반적으로 혼자서 생각하고 있을 경우에는 나오기 쉬운 아이디어가 먼저 나와 버리므로 시간이 지남에 따라서 아이디어의 수는 저하된다. 그러나 브레인스토밍의 경우는 연쇄반응의 작용과 분위기의 북돋음이 있으므로 오히려 시간이 지남에 따라 아이디어가 활발히 나오는 것이다.

리더가 익숙하지 않은 경우에는 처음에 아이디어가 나오지 않는 것을 두려워하여 곧 그만 두는 경우가 있는데, 온갖 수단을 강구하여 버티면 매우 많은 아이디어가 시간의 경과와 더불어 나오게 된다.

인원이 많을 때는 몇 개의 팀으로 나눠 경쟁으로 아이디어를 내면 더욱 효과적이다. 관심 갖는 대상을 정하여 발명하고자 하는 결과물을 생각했다면 본격적인 구상에 들어가야 한다.

개념을 정리하고 창의적인 내용이 추상적이고 관념적인 것인지 점검하고 자신의 생각이 성공적인 현실 품으로 나타날 수 있도록 구체적인 실험과 제작의 과정을 구상해야 한다. 이 단계에서는 기존의 지식, 경험, 방법론이 동원되어야 하며 필요한 전문지식이나 타인의 도움을 구할 수 있다.

실제로 친한 친구들과 주제를 정하여 브레인스토밍을 경험해 보자. 생각지 못한 아이디어들이 도출되어 기발한 발상으로 이어 질 수 있을 것이다.

하루가 다르게 변화되

고 바쁘게 돌아가는 세

상에서 새로운 정보력과 아이디어 창출은 필수 요건이다. 스

마트 폰의 예를 들더라도 수없이 많은 모델들이 지속성을 유

지하지 못한 채 바로 신제품이 출시되며 이전 모델은 이내 구

식이 되어버린다.

　이런 아이디어 경쟁 사회에서 여러 사람과 자유롭게 의견

을 나누는 브레인스토밍은 매우 중요하다. 아무리 좋은 생각

이라도 정리되어 있지 못하다면 다른 사람에게 정확히 전달할

수 없을 것이다.

　대화를 나누다보면 평소에 생각지 못했던 아이디어를 내

는 사람이 있다. 모든 사람들은 자란 환경이 다르고 가지고

있는 경험이 다르며 읽었던 책이 다르다. 그러한 다름은 타인

에게는 새로운 정보가 되고 도움이 될 수 있다.

　그러기에 여러 명이 함께 정보를 나누고 회의를 하는 시

간은 보물과 같은 아이디어가 쏟아져 나올 수 있는 시간이라

볼 수 있다.

　작게는 3~4명의 친구들이 한 가지 주제를 가지고 이야기

를 한다거나 크게는 한 학급이 모두 토의를 하는 경우 모두 이러한 시너지 효과를 볼 수 있는 경우이다.

그래서 발명교실 시간에 오늘의 주제는 소리 나는 조리 용기이며, 조리 마치는 시간을 알려 주게 한다.

문제점을 나열해보자.

다른 일에 몰두하다보니 밥이 탔다. 찌개가 넘친다. 열량이 세다. 연료 낭비다. 예열 시간이 길다. 재료 넣는 시간이 지나갔다. 가스레인지를 틀어 놓고 외출하였다.

지금까지 나열된 항목마다 발명해 줄 필요성이 있다.

그러면 주변에서 응용 결합할 사물을 찾아보자. 시간을 알려주는 타이머는 알람시계에 있고, 열량과 온도, 수증기, 압력 등 다양한 감지 센서가 있다. 관련된 정보와 자료를 구입하여 결합한다면 발명탄생이 된다.

이렇게 창의력은 평소 관심을 가지고 여러 사람과 함께 고민할 때 더욱 빛을 발한다. 이런 과정을 반복하면 보다 더 새롭고 참신한 아이디어가 탄생한다.

자신이 생각한 무형의 것을 유형으로 만들기 위해 끊임없이 고민하고 노력하는 것 자체가 바로 창의력이다.

대화 속에 새로운 아이디어가 나오고 서로의 의견을 수렴해 불편한 점을 개선할 수 있다면 그것이 바로 발명이다.

나는 IYIE 대만국제청소년발명박람회에 참가하면서 서로 모르는 한국 참가자들과 함께 각자의 아이디어를 내고 그 아이디어에 대해 서로 의견을 교환하는 과정에서 브레인스토밍의 중요성과 필요성을 절실히 깨달았다.

특히 가족이 최고의 조언자였다. 아이디어가 떠오르면 부모님에게 말씀드리고 의견을 수렴하고 조절해 나갔다. 더 많은 경험과 연륜을 가지고 계시면서 나의 생각을 존중해 주시는 부모님의 의견은 향상된 결과를 만들 수 있게 하는 힘이었다.

나의 창의적 사고 능력을 기르기 위해 어떠한 불편한 사물이 있으면 오늘의 회의 주제를 선정하여 토의를 하고 다양한 제안을 통해 자연스럽게 회의 진행하는 습관을 기르게 되었다.

발명의 적!
고정관념을 물리쳐라

　　　　　　　　　우리는 오랜 세월 애매한 것에
접근하지 않도록 배워왔기 때문에 고정관념에 매어왔다. 또한
조금이라도 상식에 벗어나는 말을 하게 되면 특이한 사람으로
오해를 받을 것이 두려워 사람들이 으레 생각하는 대로 따라
가곤 한다.

　　애매한 태도나 말들은 용납되지 않았고, 오로지 "흑이냐,
백이냐. 분명히 해라." 하고 독촉을 받으며, 답안지에도 확실
한 답 하나 만을 골라 넣도록 훈련을 받아왔다.

　　그래서 자신이 빠져있는 고정의 틀에 테두리를 그어놓고,
약간만 벗어나면 큰일 나는 줄 알고 살아왔다.

그러나 고정관념에서 조금만 벗어난다면 애매한 전제나 답이 확실한 논리를 바탕으로 태어난다는 것을 알 수 있다.

예를 들어 '바닷물은 가장 깨끗하면서 또한 가장 더럽다.'라고 전제했을 때 어떤 사람은 눈살을 찌푸리며 이렇게 빈정거릴 것이다.

"깨끗하면서 더럽다니? 그런 애매한 답이 어디 있어. 깨끗한지 더러운지 확실하게 결론을 내."

그런데 이런 논리는 어떨까?

"바닷물은 물고기가 마실 수 있어서 생명의 원천이 되지만, 사람은 마실 수 없기 때문에 파괴적인 것일 뿐이다."

바닷물은 당연히 깨끗함과 더러움을 동시에 갖는 양면적인 것이 되는 것이다. 이것은 인간의 입장에서 보는 바닷물에 대한 고정관념을 깸으로서 가능한 생각일 것이다.

고정관념을 깨면 시야는 단연코 넓어진다.

실제로 많은 사람들이 고정관념을 알게 모르게 깨고 있고, 깰 능력을 갖고 있다. 송곳이 아닌 볼펜으로 종이에 구멍을 뚫었거나, 가로로 줄이 쳐진 공책을 세워서 써 보고, 도장에 인주 대신 빨간 잉크나 립스틱을 발라 사용하는 예들이 그것을 증명한다.

대부분의 일들은 기존의 방식과 사고력에서 벗어나지 못하고 있다.

'이건 이래서 안 되고', '저건 말도 안 되고' 등 안 된다는 고정관념을 버리고 '어떻게 하면 될까?' 하고 긍정적인 사고력을 한번쯤 가져보자.

무의식적으로도 이렇게 많은 일들이 벌어지는데 스스로 노력을 한다면 어떤 결과를 가져오겠는가.

망설이지 말고, 과감히 고정관념을 버려라. 고정관념은 우리를 자꾸 주저앉게 하고 뒤에서 윗도리를 잡아당길 것이다. 무거운 짐을 벗고, 가볍게 빠져나가 창조의 세계로 다가서자.

석순이의 공부방

용순이는 여자가 바지는 입거나 또는 남자가 치마를 입는 것에 대해 어떻게 생각하니?

여자가 바지를 입는다는 것은 당연한 것 아닌가요? 그

발명의 적! 고정관념을 물리쳐라

렇지만 남자가 치마를 입는 건 좀, 이상한 것 같아요.

 그렇지? 여자가 바지를 입는 당연한 것이 1차 세계대전 직전까지는 상상도 못할 일이었단다. 또한 마차의 천막 덮개와 같이 무겁고 투박한 천으로는 옷을 만들 수 없다는 것이 하나의 고정관념이었고, 이런 상식들이 깨지리라고 예측한 사람도 없었어.

여자는 영원히 치마를 입는 존재이며, 천막천은 오로지 천막을 만드는데 사용되는 것으로 생각했었지. 그러나 천막으로 만든 청바지는 백년이 넘도록 최정상의 의복으로 자리 잡고, 바지를 입은 여자는 이제 당연시 되었어.

남자들도 마찬가지야. 지금은 치마를 입지 않지만 기원전 58년경 로마와 그리스에서는 남자들이 치마를 입었단다.

 지금은 상상도 할 수 없었던 일들이군요.~

 그럼! 발명의 역사에서 '깨어진 고정관념'에 의한 이야기는 무수히 많아~. 매사에 옳다, 그르다는 사고방식에 젖어 그것에서 스스로 빠져 나오려는 노력을 하지 않는다는 것이 발명의 큰 걸림돌이 된단다.

고정관념이라는 안경을 벗고 발명이라는 창을 열어보자!

　면접 때 자신의 외모를 위해 화장하는 남성들이 있다는 것은 이미 뉴스거리가 되지 못한다.

　많은 남성들이 스킨과 로션의 기초적인 화장에서 벗어나 파운데이션부터 시작하는 여성적 화장의 순서를 따라 화장하고 있으며, 피부의 탄력과 보호를 위해 마사지를 즐겨받는다. 학교에서는 아름다운 여학생이 아닌, 아름다운 남학생이라는 '꽃미남'의 미모를 갖춘 남학생들이 선망의 대상으로 떠오르고 있다.

　모 외국계 기업인 사장은 외부인을 상대로 공식적인 자리를 가질 때마다 화장대에 앉아 화장을 하는데 이는 나이가 들면서 늘어난 눈가의 잔주름을 감추기 위해서라고 한다. 어찌 보면 남자의 화장도 이제는 비즈니스의 일부가 되어버렸다.

　그는 "회사와 제품 이미지가 젊고 역동적인데 회사를 대표하는 사람이 늙어 보이는 것은 좋지 않다고 판단하여 화장을 하게 됐다"며, 화장한 뒤 찍은 사진이 10년은 젊게 보인다는 주위 사람들의 이야기를 듣고 난 뒤부터 계속적으로 얼굴에 화장을 하기 시작했다고 한다.

국내 모 통신회사 한 남자 직원은 여자보다 더 곱고 예쁜 얼굴을 자랑하는 꽃미남으로 알려져 있는데, 그는 지난해 겨울 휴가를 이용해 점이나 여드름을 제거하는 얼굴 박피수술 을 받았다. 화장으로 소화하지 못하는 피부의 오점들을 수술로 해결한 것이다.

한 수입 차 업체 영업사원은 사춘기 시절에 심하게 겪은 여드름 흉터를 감추기 위해 2년여 전부터 화장에 손을 대기 시작했다. 화장한 뒤 만나는 고객들 모두 얼굴 좋아졌다는 말을 해 더욱 고무되었다고 한다. 영업적인 면에서도 화장은 필수라는 것이다.

화장하는 남자가 늘면서, 시장은 이에 대응하여 남성용 화장품을 계속 개발하고 내놓았다. 종류가 날로 다양해지는 것은 물론 시장 규모도 급속히 늘고 있다.

국내 모 백화점에서는 선물 수요가 많았던 지난 5월 달, 화장품 매출 가운데 남성용 화장품 비중이 지난해보다 약 25%포인트 성장했다고 밝혔다. 이는 전체 화장품의 20%를 차지하는 정도의 상당한 비중이다.

남성용 화장품은 스킨로션의 기초화장품에서 최근에는 미백, 주름제거 등 기능성 색조 제품까지 등장하면서 매출이

늘고 있다.

축구는 전형적으로 남성을 상징하는 스포츠이다. 축구뿐만 그런 것은 아니지만 실제로 몸을 부딪치며 운동을 해야 하기 때문에 여성들이 진출하지 못한 영역 가운데 하나였다.

그러나 최근 한국 여자축구 대표단의 선전에 힘입어 여성들 사이에 동호회도 생기고 여성 축구 인구가 점차 늘고 있다. 물론 여자축구는 아주 오래 전부터 있어왔지만 지금처럼 활성화되고 호황을 누리는 시기는 없는 것 같다. 조만간 길거리에서 공을 차는 여성들을 쉽게 볼 수 있지 않을까. 그것은 어쩌면 미래에 대한 당연한 예측이기도 하다.

지금 당신의 창의력을 묶고 있는 고정관념은 무엇인가? 고정관념을 깨고 새로운 발상의 세계로 들어가자.

발명의 적! 고정관념을 물리쳐라

발명이라고 하면 흔히 연구실에 틀어박혀 새로운 물건을 만들어내는 진부한 사람들이라고 생각한다.

　하지만 현대의 발명가들은 새로운 발상과 새로운 모습을 가지고 세상을 자극한다.

　아이폰으로 세상을 뒤흔든 스티브잡스, 아바타로 우리 생활에 3D 붐을 일으킨 제임스 카메론 같은 사람들 역시 다른 사람들과 협력하며 함께 나아가고 대중들과 공유하며 자신의 생각을 발전시켜 나가고 있는 훌륭한 발명가들이다.

　발명가는 연구실에서 한 가지만 파고드는 진부한 사람이 아니라 사람과 세상에 관심이 많은 사람이며 항상 불편한 게 무엇인지 사람들이 뭘 갖고 싶어 하는지 부딪히고 경험하며 여러 분야에 관심을 가지고 접근해야만 한다.

　그렇다고 해서 발명이 특별한 사람만 하는 것이란 고정관념을 가져서는 안 된다.

　우리들의 마음 속에는 누구나 '색다른 일을 해보고 싶다' 라는 욕구가 있는데 이미 그 사람은 그것으로 발명의 길에 한걸음 다가간 것이나 마찬가지이다.

　하지만 노력하지 않고 막연한 생각과 상상력만 키우는 것
은 바람직하지 못하다. 무슨 일이든 스스로 경험하며 도전과
실패의 반복적인 과정을 통해 진정한 발명을 할 수 있다.

　발명은 새로운 창조적 작업이지만 발명이라고 모두 새로
운 것은 아니다.

발명의 적! 고정관념을 물리쳐라

이미 기존에 있던 아이디어를 개선하여 더 좋은 것으로 만드는 능력도 필요하다. 무조건적인 모방이 아니라 모방을 하되 그것에 새로운 것을 덧입혀서 자신의 것으로 재창조하는 것이 바로 발명이다.

인류가 쌓아온 문명을 모두 자기 재산으로 삼아 그것을 바탕으로 보다 새롭고 좀 더 나은 것을 만들어 가는 것이다.

모방하라! 부딪혀보라! 반대로 생각해보라! 고정 관념을 없애라!

시대가 변하면 생각도 변하고 우리의 심리적 타성도 변해야 한다. 고정관념에서 벗어나는 순간 발명으로 인해 열린 나를 발견할 수 있을 것이다.

생각에서 발상으로  뜀뛰기

발명은 누구나 할 수 있지만 할 수 있다는 생각만 가지고는 안 된다. 물론 긍정적인 생각은 필요하지만 그 만큼 창의력을 개발시키고, 탐구심을 기르는 등의 노력을 기울여야 한다. 특히, 새로운 아이디어를 얻기 위한 창의력 개발이 무엇보다 중요하다.

그러한 창의적 발상에 있어 여러 기법들이 요구된다. 무엇을 발명할 것인가? 그 목표가 결정되면 다음과 같은 검토 사항들을 점검해 보아야 한다.

(1) 자기가 하려는 발명이 사람들이나 자기 자신에게 어떤 이익을 줄 것인가?

(2) 자신의 지식·지능·경험 및 자기의 경제 능력으로

가능한가?

　(3) 같은 종류의 발명이 어느 정도까지 발달했는가?

　(4) 이 발명이 지금까지는 어떤 방법이나 물건으로 충당되어 왔는가?

　(5) 이 발명은 시대적 요구에 일치하는가?

　정보수집 과정에서 얻어진 많은 자료를 이용하는데 멋대로 난립한 발상의 자료에서 다리를 놓고 골짜기를 메워나가듯 사실과 사실 사이에 부족한 면을 채워야 한다.

　이때 수집된 자료를 살펴보면 다양한 구조, 기능, 장치를 어떻게 적용하였는지 산업에 가치성이 있는지 다른 원리를 응용 적용하면 좋은지 생각에 잠기는 순간 어느덧 두뇌에 떠오른 아이디어 발상은 비로소 그 형체를 드러낸다.

　그동안 수집된 자료는 고급 정보가 되며 다른 분야에서 다양하게 활용한다면 기발한 발명을 거듭 탄생시킬 수 있을 것이다.

발명의 목표가 결정이 되었다면 어떤 것부터 시작해야 할까?

우선 만들어 보아야 하지 않을까요?

아냐~. 발명에도 순서가 있어. 순서를 밟지 않는 발명은 자칫하면 샛길로 빠지기 쉽고, 헛수고를 하게 되는 경우도 많아. 바쁘다고 바늘허리에 실을 묶어 사용할 수 없듯이 발명에도 반드시 지켜야 할 순서가 있어. 그리고 그 순서를 밟아야 성공의 지름길로 들어선단다.

발명의 순서에 대해 말해주세요.

첫째, 관련 자료를 많이 수집하고 분석하여야 한다.

둘째, 그 속에서 발명에 이용할만한 자료를 찾는다.

셋째, 설정된 목표에 다른 원리, 구조, 장치를 찾는다.
(전문분야에 속하는 학술 문헌)

넷째, 보다 세심하며 치밀하고 끈질기게 분석한다.

다섯째, 도면이나 그림으로 구체화 시켜서 실용성이 있나 검토를 한다.

발명은 지능과 경험이 만들고 지능과 경험은 훈련이 만들어. 그러므로 처음부터 아무런 경험과 훈련 없이 어려운 것을 발명하려고 하지 말고 간단하고 쉬운 것부터 발명하는 것이 좋아.

위의 네 가지의 발명의 순서를 따라서 쉬운 발명품이 어떤 것들이 있는지 고민해보자.

발명은 수많은 자료 수집과, 끈질긴 집념에 의해 탄생되기도 한다.

재료의 수집처럼 값진 일도 없다.

세계적으로 유명한 실바나이트 금광의 무도 사장은 1온스의 금을 얻기 위해 무려 4톤의 광석을 수집하여 빻았고, 체질하고, 화학작용을 추가했다고 한다.

또 에디슨은 전구를 발명하면서 필라멘트의 재료를 찾기 위해 금속 6천 가지, 동물의 털을 탄화시킨 것 2천 가지, 식물의 섬유 2천 가지 등 무려 1만 가지의 재료를 수집하여 실험했다.

그래도 찾아내지 못하자 또다시 대나무 3백 50가지를 수집하여 실험한 결과, 성능이 뛰어난 필라멘트의 재료를 찾아내는 데 성공했다. 참으로 놀라운 수집의 결과였다.

에디슨에 버금가는 또 한 사람이 있다. 식물의 마술사 및 식물의 발명왕이라고 불리는 미국의 버어뱅크도 수집의 천재였다. 그의 손이 닿는 식물마다 기적을 일으켰다. 주먹만 한 감자, 가시 없는 선인장, 씨 없는 수박, 씨 없는 자두가 생겨났다.

"어떻게 해서 그렇게 놀라운 기적이 나타났을까?"

기적의 비결은, 다름 아닌 수집에 있었다. 그는 세계 각지로부터 종류가 다른 딸기 5천종을 모아서 재배하며, 하나하나 조사했으나 만족스러운 것이 없자 다시 80만 5천종의 딸기를 재배하여 각기 교배했다. 그 속에서 미국 종 산딸기와 러시아종 딸기의 교배를 통해, 마음먹었던 큰 딸기를 탄생시켰다.

그는 농장에 30만종의 복숭아, 6만 종의 감을 심어 실험

연구를 하면서 조그만 변종도 놓치지 않고 관찰했다.

세계적인 발명품 왕관 병뚜껑도 수집에서 시작되었다. 발명가 페인타는 병 안의 내용물이 상하지 않는 병뚜껑을 만들기 위해 코르크 뚜껑, 고무뚜껑, 금속뚜껑 등 5년 동안 6백 종류의 뚜껑을 수집하여 1년간 비교 분석한 결과, 드디어 코르크에 금속판을 씌운 왕관 병뚜껑을 발명하는데 성공했다.

수집 못지않게 중요한 것은 끈기, 즉 집념이다. 하나를 몰입하며 쏟아 붓는 집념이 훌륭한 발명의 지름길이다.

프랑스의 발명가 마켈은 평생을 로봇연구에 바쳤는데, 무려 3백5가지나 되는 로봇을 만들었다.

그가 만든 로봇 중에서 가장 큰 것은 높이 29M, 무게 1백 75Kg, 모터 6개 설치로 엄청나게 큰 것이 있는가 하면, 담배를 피우는 로봇, 피아노를 연주하는 로봇, 노래를 부르고 춤을 추는 로봇 등 실로 다양하다.

마켈은 앉으나 서나, 자나 깨나, 차를 타거나, 산책을 하거나 항상 로봇만 생각했다.

끈기 있게 자료를 수집하고 생각하여 도전하는 사람만이 좋은 발명품을 만들 수 있는 것이다.

하루는 쓰레받기 기능을 함께하는 휴지통 아이디어를 생각했는데 아무리 생각해도 내 힘으로 기술적인 부분을 해결 할 수가 없었다. 그렇다고 포기할 수는 없고 브레인스토밍 결과 어려운 접근 방식이 아닌 쉽게 풀어 나갈 수 있는 방법을 모색해 보기로 했다. 아무리 간단한 발명일지라도 지식과 경험이 필요하다.

단순한 생각에서 발상으로까지 넘어가기 위해서는 많은 자료를 찾아야 하고 그 자료들을 잘 적용할 수 있는 사고력이 필요하다. 뿐만 아니라 사고의 연속성 안에서 목표를 향한 집념과 집중력 또한 요구된다.

즉, 과학 원리와 공학원리의 기본 상식을 갖고 있어야하는 것은 물론이고 이를 적용하고 응용하는 집념까지 있어야한다.

나에게 그러한 끈기를 키워주었던 것은 다문화 가정 봉사활동이었다. 처음 봉사를 시작 했을 때만 해도 막연했고 어떤 방법으로 실행으로 옮겨서 실제적인 도움을 줄 수 있을지 많은 고민을 하게 되었다.

여러 가지 방법들을 계획하고 모두 시행해 보기로 하였다.

수학·과학교육봉사, 가정의 달 행사, 군고구마 판매행사, 화이트 데이 사탕 판매행사, 크리스마스 축제, 작품 전시회, 후원금 마련 등….

여러 가지 방법과 계획을 짜고 보완하며 시행해 가는 과정을 통해 생각의 단계에서 수행의 단계까지 얼마나 많은 노력과 시행착오, 결단력이 요구되어 지는지에 대해 다시 한 번 느끼게 되었다.

발명 또한 마찬가지다. 좋은 생각이 있지만 실제로 만들어 보기 까지는 예상치 못한 어려움들과 난관이 있다. 그러나 그것 때문에 포기한다면 아무것도 만들어 낼 수 없을 것이다. 비록 실패한다 하여도 결과물에 도달하기 까지 최선을 다하는 노력과 끈기가 필요하다.

아이디어는 누구나 낼 수 있지만 완성된 발명품을 세상에 선보이기 위해선 점검해야 할 부분이 매우 많다.

생각이 곧 발명은 아니며 단지 의욕만 지닌 발명은 성공할 수 없는 것이다.

발명은 기술적인 전문지식이 부족하여 고민하게 되거나 난관에 부딪힐지라도 쉽게 단념하지 말아야 한다.

발명왕 에디슨이 전구를 발명한 후 이런 얘기를 했다.

수천 번의 실패 끝에 가까스로 발명에 성공했는데 실패할 때 마다 포기하고 싶지 않았냐는 질문에 "한번 실패하면 전구를 만들 수 없는 방법을 한 가지 알았구나 하고 생각했다"고 대답했다.

세상에 역경을 딛고 일어선 기쁨보다 큰 기쁨은 없고 역경이 있기에 창조도 있는 것이다. 발명가들의 의견을 종합해 보면 역경의 소산인 좌절이나 그로 인한 슬픈 마음까지도 발명을 낳게 되는 동기가 된다는 것이다.

한 가지 아이디어에 몰두하다보면 평소에는 생각하지 못했던 물건의 단점들을 수없이 찾아낼 수 있다. 그것을 해결하면 곧 발명으로 이어지는 것이다.

발명을 하는 과정에서 생각대로 되지 않는다는 것을 느낄 때가 많이 있을 것이다. 그러나 그런 과정이 모두 배움이고 연습이다. 생각처럼 되지 않을 때 우리는 여러 가지 발상을 통해 다양한 방법을 모색해 나가는 연습을 할 수 있다.

또한 그러한 경우에 더 다양한 발명의 물줄기를 터트릴 수 있을 것이다.

발명은 누구나 할 수 있지만 아무나 할 수는 없다. 도전하는 사람의 몫이 되기 때문이다.

생각처럼 되지 않을 때 한 번 더 고민하고 한 번 더 도전하라! 새로운 발명의 세계가 보일 것이다.

엉뚱함?! 기발?! 발명의 원동력

'파괴는 건설이다' 라는 말이 있다. 창조에는 건설과 파괴가 공존한다는 말과도 일맥상통한다. 파괴를 두려워한다면, 새로운 창조는 그만큼 늦어지거나 이루어지지 않을 것이다.

때로는 사람들의 눈에 어리석어 보이는 선택이 생각지도 못한 좋은 결과를 줄 때도 있는 것이다.

예를 들면, 병아리가 태어나기 위해서는 튼튼한 보호막이었던 알껍데기를 깨트려야 하고, 새 건물을 짓기 위해서는 헌 건물을 부수지 않으면 안 되는 것과 같은 이치일 것이다.

따라서 창조에 전념하려면 항상 도전적인 자세를 가져야

한다.

마치 기존의 질서를 무너뜨리고, 자신의 새로운 법칙으로 질서를 세우려는 혁명가처럼.

특히, 새로운 아이디어를 찾고자 하는 사람이라면 잠시 법칙이나, 규칙 따위에서 해방되는 것도 필요하다. 창조는 법칙의 파괴를 필요로 하기 때문이다.

사람들이 한 번도 해보지 않은 방법, 시도 해 본적 없는 모험들을 가지고 있는 것이 중요하다. 다른 사람들이 모두 생각하는 똑같은 생각과 사고는 새로움을 만들 수 없다.

엉뚱하고 익숙하지 않은 방법이 발명에서는 유용하게 쓰일 수 있다. 사람들의 평가나 시선에 치우쳐 틀 안에서 벗어나지 못한다면 새로움은 기대할 수 없을 것이다.

오늘의 기발한 생각이 내일의 발명품이 될 수도 있음을 잊지 말자.

용순아! 백여 년 전 탄광에서 일하던 사람들은 어떻게 불을 밝혔을까??

뭐, 손전등이나 횃불 같은 게 있지 않았을까요?

손전등은 그 당시 배터리가 없었고, 횃불은 탄광 안에 폭발성 강한 가스가 가득 차 있어서 위험했었지.

그럼 어떻게 불을 밝히고 일을 했나요?

당시 유일한 조명 수단인 호롱불이 있었지만 탄광에 가득 차 있는 가스로 인해 불이 날까봐 사용하지 못했지. 그때 영국왕립학회 회장이었던 데비는 램프의 불꽃이 철망 밖으로는 새어 나가지 못한다는 점에 착안했어!

'만약 철망으로 둘러싼 호롱불을 갱내로 가지고 들어가면 어떨까?'

그러나 철망 사이로 가스가 새어 들어가면 커다란 폭발 사고가 날 것이라는 생각을 떨칠 수 없었지…. 그래도 그는 일단 시도해 보기로 했어~.

결과는 놀랍게도 새로운 안전등의 탄생을 가져왔단다.

만일 데비가 상식과 법칙에 얽매어 있었다면 결코 이루

지 못했을 쾌거야. 인류는 바로 이런 혁명가들에 의하여 발전해 왔어. 인간은 말보다 빨리 달릴 수 없고, 새처럼 날 수 없으며, 물고기처럼 헤엄칠 수 없다는 법칙을 깨트린 이들도 바로 이 혁명가들이었지….

때로는 엉뚱하게 느껴지는 생각들을 연구하고 도전해보는 것이 발명에 있어서 중요한 일이야.

엉뚱한 거라면 제가 자신 있어요! 엉뚱함이 발명에 도움이 된다니 발명에 대한 자신감이 생기는 걸요!

문득 이런 아이디어가 떠올랐어요.

말도 안 되는 황당한 것 아니냐?

콧물감기 환자를 위한 발명인데요.

환자를 위한 발명? 엉뚱한지 기대되는데.

저기요. 공사장에서 일하는 인부가 콧물감기에 걸려 휴지가 필요한데 헬멧에 휴지 걸이를 달아주면 쉽게 당겨서 사용하면 되잖아요.

기발하죠? 기발한 발명을 했으니까 칭찬 받을 수 있죠?

그동안 발명공부 좀 했다고 많이 배웠네!

엉뚱하고 기발한 생각을 잘 이용하여 발명에 응용해보자.

화학제품 · 의료기 등을 만들어내는 미국 회사 '3M' 의 중앙연구소. 연구원 스펜서 실버는 잘 붙기도 하고 반대로 잘 떨어지는 접착제를 1970년 만들었다.

당시 주변 사람들은 새 접착제를 신기하게 여겼지만 결국 쓸모를 찾지 못했다.

"붙었다가 떨어지는 접착제를 어디에 씁니까?" 라는 반응이었다.

접착제의 본래 기능은 한번 붙으면 잘 떨어지지 않아야 하는 것이었는데 이 물질은 반대였기 때문이다.

영영 잊힐 뻔했던 스펜서 실버의 접착제를 되살린 것은 같은 회사 테이프 사업부에서 일하던 동갑내기 아트 프라이였다.

프라이는 매주 일요일이면 교회 성가대에서 노래를 불렀다. 그는 그날 부를 찬송가 페이지에 찾기 쉽도록 종이를 끼워 넣었는데, 그 종이가 자꾸 빠져 나가 원하는 페이지를 찾느라 허둥대곤 했다.

1974년 어느 날, 이를 고민하던 그의 머리에 떠오른 것이 바로 스펜서 실버의 접착제였다. 그 접착제를 종이에 바르면 쉽게 붙일 수 있고 다시 떼어낼 때 찬송가책이 찢어지지 않을 것이란 생각이었다.

아트 프라이는 연구를 거듭했다. 마침내 붙였다가도 말끔하게 떼어낼 수 있는 적당한 수준의 접착제를 바른 종잇조각을 개발했다. 이를 포스트 잇(Post It)이라고 이름 붙여 1981년 팔리기 시작했다.

처음에는 '이런 것을 어디에 쓰느냐?'는 평가였지만 얼마 가지 않아 사무실에 없어서는 안 될 물건이 됐다.

서류에 간단히 붙여 표시하거나 그날그날 해야 할 일을 적어 책상머리에 붙여두는 메모지로 제격이었기 때문이다.

포스트잇은 이렇게 쓸모없는 발명품에서 최고의 사랑을 받는 사무용품으로 거듭났다. 생각을 바꿔 새로운 사용 분야를 찾아낸 덕분이다.

이 상품은 AP통신이 정한 '20세기 10대 히트 상품'에 포함됐다. 현재 국내에서는 모닝글로리, 두리, 이젠, 쓰리엠 등의 업체가 포스트잇과 비슷한 종류의 '재 접착 메모지'를 만들어내고 있다.

파리나 모기, 바퀴벌레를 잡는 끈끈이는 접착제에서 힌

트를 얻어서 용도 바꾸는 발명 탄생이다.

　주전자를 물뿌리개 용도로 바꾸는 것과 페트병을 이용하여 물 로켓을 만들면 용도를 바꾸는 발명이 되지만 물 로켓 발사 장치까지 발명하여 더 멀리 날아가게 하기 위해서 공기의 압축을 어떻게 할 것이냐가 중요하듯 우리 주변에 용도를 바꾼 발명을 살펴보면 알 수 있다.

용석이의
기발한 발명

길을 가다보면 허리가
좋지 않으셔서 지팡이
에 의지하여 한걸음씩 조심스럽게 걸음을 떼는 어르신들을 종종 볼 수 있다. 바쁘게 걸어 다니는 사람들과 거칠게 달리는 차들 그리고 불쑥불쑥 튀어나오는 오토바이나 자전거들 사이에서 그런 어르신들의 걸음이 매우 안타깝게 느껴진다.

엉뚱함?! 기발?! 발명의 원동력

안타까운 마음만 있을 뿐 직접적인 도움을 드리지 못하던 중에 그 분들을 위한 발명품이 없을까 고민하게 되었다.

마침, 오래전부터 봉사 활동을 해오고 있는 나눔의 집에서 허리도 제대로 못 펴시고 다니시는 할머니들을 보면서 쓰러져도 다시 일어나는 '오뚝이 지팡이'를 생각하게 되었다. 지팡이가 쓰러져도 다시 일어서서 할머님들이 잡기 좋으시도록 도와주는 지팡이이다.

그러던 어느 날, 어머니께서 화장실 청소를 하고 계셨다. 미끄러운 바닥 위에 의자를 놓고 올라가셔서 청소를 하시는 모습이 불안하게 보였다. 의자에 올라가지 않고서도 청소할 수 있는 방법이 없을까 생각하다가 샤워기 길이가 자유롭게 조절된다면 편리할 것이라는 생각이 들었다.

그래서 생각해 낸 '길이 조절 만능샤워기!!'. 이 샤워기는 헤드 부분에 청소 솔과 샤워 솔의 탈부착이 가능하며 길이 조절이 자유로워서 샤워는 물론 청소할 때 손이 닿지 않는 곳까지도 청소가 가능하다.

위 두 가지 발명품은 모두 일상에서 쉽게 찾아볼 수 있는 불편함을 기발한 아이디어로 승화시킨 것이라고 할 수 있다.

이처럼 발명에 있어 주변에서 일어나는 일들에 대한 관심과
세심한 관찰은 중요한 것이다.

쉬는 토요일 마다 내게 수학교육을 받는 다문화가정의 학
생인 지산이는 어려운 가정환경으로 가지고 놀 장난감조차 살
수가 없는 형편이라 늘 마음이 쓰였다.

그런 지산이에게 버려지는 폐품을 활용해서도 직접 완구를 제작하여 즐겁게 놀 수 있는 방법이 있다는 걸 알게 해주고 싶어 재활용 완구를 발명했고 함께 제작도 해 보았다.

폐품을 가지고 만들었다고 하면 사람들은 흔히 눈살을 찌푸리며 편견을 갖는 경우가 있다. 하지만 깊이 생각하고 창의적으로 만든 재활용 완구야말로 더 가치 있고 훌륭한 발명품인 것이다. 지산이와 함께 제작한 재활용 완구는 크리스마스 때 다문화축제 전시회에서 큰 인기를 얻기도 했다.

기발한 생각만으로 도전하는 것을 무모하다고 말할 수 있을 것이다. 그러나 무모하지 않고서는 아무것도 시작할 수 없다. 불편을 보고 기발한 생각이 들었다면 무시하지 말고 실제로 계획해보고 만들어 보자.

그 모든 하나하나의 과정이 발명가로 이끄는 지름길이 될 것이다.

7전8기의 방법을 찾아서

실패를 두려워 하지마라!

발명을 위해 경험하는 수많은 실패의 경험과 자료가 다른 발명의 귀중한 자료가 되고 경험이 되기 때문이다. 마치 에디슨이 1999번의 실패를 경험하면서 기록한 자료가 일생동안의 귀중한 발명 자료가 되었던 것과 같다. 우리가 발명을 하면서 일회성에 끝나는 이유가 발명일기를 기록하지 않기 때문이다.

1999번의 실패를 기록한 것이 귀중한 자료가 되었다는 것을 기억해 보자, 대부분은 실패를 기록한다고 해도 정확하게 기록하는 것을 꺼려하는 경향이 있다.

그러나 이러한 실패일수록 공개할 때 또 다른 발명의 자료가 되고 있다. 때때로 모든 사람들은 본능적으로 자신의 실패나 상처를 감추려는 행동을 무의식중에 하게 된다.

요즈음 교육은 조 별 활동에서 활발하게 진행되고 있다.

각자의 경험, 특히 실패적 경험을 분임조를 통해 공유하는 토론이 활성화되고 있는 현상이다. 각기 다른 생각과 경험이 간접적인 경험의 귀중한 자료가 되고 정보가 되어 새로운 발명의 기회가 되기 때문이다.

같은 조건, 같은 환경에서는 모든 사람들은 비슷하거나 똑같은 생각을 한다. 그럼에도 누구는 발명가로 특허권을 보호받아 돈을 벌고, 명성도 얻지만 누구는 공상이고 상상으로 끝난다. 무엇 때문일까? 실패를 두려워한 사람과 실패를 두려워하지 않고 도전한 사람의 차이점이다.

즉, 행동으로 실천한 사람과 실천하지 못한 사람과의 차이점이다.

실패를 두려워하지 않고 끝없이 도전한다면 언젠가 실패는 성공이라는 이름으로 바뀌어 있을 것이다.

발명을 하거나, 아이디어를 내는 작업에는 한 우물을 파는 것 같은 집중력이 중요해.

발명은 마치 작은 실 뭉치와 같아서 겉보기에는 작고 가볍지만 한없이 풀어지기도 하고, 되감자면 시간을 투자하여 신경을 써야 하는 것처럼 많은 노력과 의지와 신념을 요구하기도하지.

세계적인 발명가나, 성공한 기업가들을 보면 반드시 그에 따른 신념과 노력이 실 타래처럼 감겨있어.

정말 발명가의 길이 쉬운 게 아닌 것 같아요!!

안전유리를 개발한 베제딕 투스는 자기의 목표를 달성하기 위해 15년이란 긴 시간을 투자했어.

베이드는 빛을 전기로 바꾸는 '셀렌'이란 원소를 알게 된 후, 텔레비전에만 매달려 황금 같은 청년기를 모두 쏟아 부은 뒤에야, 세계 최초의 컬러텔레비전을 만들었고….

모든 발명이 오직 끈기와, 집념의 결과였지. 한번, 두번 실패를 했다고 해서 포기하고 낙심한다면 그 사람은 단 한 번의 성공도 맛보지 못할 거야. 끝까지 두드리는 사람에게 문은 열리기 마련이니까.

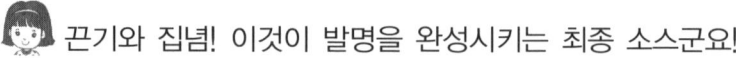 끈기와 집념! 이것이 발명을 완성시키는 최종 소스군요!

맞아. 이 세상에 실패하지 않는 사람은 아무도 없단다. 갓난아기가 넘어지지 않고서 걸음마를 배울 수 없듯이 넘어지는 아픔을 두려워한다면 일어설 수도 없단다.

7전 8기! 일곱 번 넘어져도 여덟 번 일어나는 자세가 곧 발명인의 자세라고 할 수 있겠군요!

넘어지더라도 다시 일어나는 발명계의 오뚝이가 되어보자!

　　세계적인 IT 초일류기업 로키아 그룹에 도전장을 낸 한
국의 삼성, SK 등의 IT기업들이 어느덧 세계적 기업으로 부
상했다. 그 기업들이 로키아 그룹이 만든 다국적 기업에 도
전장을 내지 않고 그들의 상품을 팔아만 왔다면 오늘날 한국
의 IT산업은 발달하지 못했을 것이다.

　　한국의 IT산업이 불모지와 같은 IT산업에 도전한지 15
년! 발명만이 미래의 경쟁력을 창출한다는 이념아래 무수한
실패를 반복하면서 쓰디쓴 잔을 마시고 눈물을 흘린 사건들
은 이루 말할 수 없을 정도로 많다.

　　한국 IT 기업들의 실패 경험이 없었다면 도전도 하지 않
을 것이고 미래를 이끌어 가는 세계 최강의 IT산업국가라는
이름도 얻지 못했을 것이며 오늘날 한국경제를 이끌어 가는
대표적인 산업으로 부상하지도 못하여 한국경제가 어려움을
꺾어야 했을지도 모른다.

　　실패를 두려워해서는 안 된다.

　　실패를 두려워하는 마음이란 창조적 아이디어를 억제시
키는 가장 나쁜 판단력의 기능이다.

에디슨이 발명한 최초의 램프는 형편없는 것이었을 뿐만 아니라 불완전한 것이었다. 전구를 만드는 과정에서의 수많은 실패에 대해 주눅 들지 않았고, 오히려 그 실패를 성공을 위한 확인절차였다고 생각하였다. 결국 그는 불굴의 의지로 수백 번의 개선을 통해 전구를 만들어냈다.

'누구라도 처음은 있는 법이야' 라는 대범한 생각으로 다른 사람들의 의견은 참조는 하되, 자신만의 아이디어를 개발해나가 보도록 하자.

놀라운 발명은 번개처럼 스쳐가는 결정적인 순간을 통해서도 오지만, 끊임없이 창의력을 기르기 위해 노력하는 사람에게 더 많은 기회가 주어지는 것임을 수많은 발명가들의 이야기를 통해서 우리는 알 수 있다.

우리 사회는 점차 전문인을 요구하고 있다. 한 분야에서 일류가 될 인재를 찾고 있는 것이다.

전기 재료의 절연피복과 보호구 등 각종 절연기구를 개발하여 독자적 기업으로 성장한 대기업의 사장이 있다. 그는 변변한 교육조차 받지 못했지만 한 가지 목표에 일생을 투자한 덕분으로 성공할 수 있었다.

"내가 아는 것은 절연체에 대한 것뿐이었습니다. 그것도 고무장갑을 비롯한 아주 기초적인 것이었지요. 아는 것이 그것뿐이니 그것에 매달릴 수밖에 없었습니다."

그는 절연체에 관심을 둔 이후로 조금도 한눈을 팔지 않고, 오직 그것에만 매달렸다고 한다.

"절연에 '절' 자만 나와도 몸이 움찔거렸지요. 아무리 작은 것이라도 그냥 지나치지 않았습니다."

그 덕분에 그는 모든 절연체를 그의 손 안에 쥘 수 있었던 것이다.

한 가지 일에 매달려 눈물과, 땀과, 애정을 쏟아 부은 집념의 대가가 그를 대기업의 사장으로 올려놓았고, 존경 받을 수 있게 한 이유가 되었다.

오늘날 발명가로서 성공을 원한다면, 바로 이와 같은 집념을 갖고 도전에 응해야 할 것이다. 자신에게 맞는 목표를 설정하고, 목표가 정해졌으면 묵묵히 앞을 향해 돌진해야 한다.

목표가 거창하지 않아도 좋고, 단순한 부분, 혹은 사람들이 잘 알아주지 않는 분야라 해도 괜찮다. 언젠가는 그에 합당한 대가와 결과를 얻을 수 있을 것이다.

한 우물을 파다 보면, 반드시 샘물이 솟아 날 때가 있지 않을까!

각 나라의 여러 소식을
접하기에는 뉴스가 좋
은 언론 매개체이다.

뉴스를 통해 다른 사람, 다른 나라, 다른 시대를 접할 수
있고 신문이나 잡지, 광고 인터넷을 통해서 좋은 주제를 발견
하며 발명거리를 찾는 경우가 종종 있다.

뉴스에는 사람들의 필요가 담겨 있고 광고에 등장한 제품
들을 보면서 개선점을 찾을 수 있으며 좀 더 넓은 시야로 발
명 정보를 얻을 수 있다. 그러한 새로운 뉴스와 정보의 매력
에 한국발명신문과 특허청 청소년 발명기자단 활동을 시작하
게 되었다.

특허청 발명 교육센터 홈페이지를 통해 발명뉴스를 전하
고 전국 어느 곳에서든 흩어져있는 기자들의 기사와 의견을
함께 공유하며 소통 할 수 있는 청소년 발명 기자단은 특허청
기자단으로 참여하며 현장에서의 다양한 취재활동, 발명 관련
인터뷰를 통해 더 넓은 체험 활동을 접할 수 있게 해 주었다.

자율기사를 통해 격월간 발행되는 한국발명신문에 기사
게제는 물론 기자 소양 교육도 받을 수 있어 의미 있는 활동

이었다.

청소년 발명기자단은 발명에 관심이 많고, 글쓰기를 좋아해야 하며 국내외 발명 정보를 수집하면서 취재기사, 인터뷰 질문요지, 포토에세이, 만평 등 다양한 방법으로 기사를 작성하여 전용카페에 올리면 되고, 발명기사 작성 능력향상을 위해 발명 글쓰기 실전 연습을 해야 한다.

그러나 이 일이 재미있기만 한 것은 아니었다.

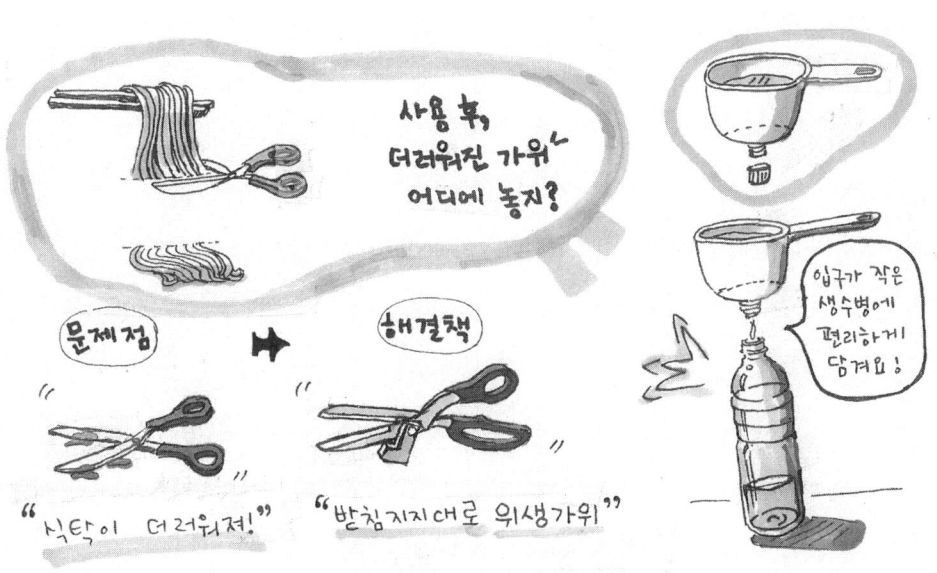

7전8기의 방법을 찾아서

타이트하게 짜여 진 학교 일정 속에서 시간을 투자해 내가 원하는 관심분야의 정보를 얻으며 그 분야에서 활동을 한다는 것은 여간 힘든 일이 아니었다.

그냥 포기하고 학교 공부에만 전념하고 싶은 마음이 불끈 솟아오를 때도 있었지만 한번 시작한 일은 목표를 이룰 때까지 멈추지 않아야 한다는 생각으로 최선을 다하고 있다.

마음먹었던 것처럼 매일매일 관심을 가질 수는 없었지만 포기하지 않고 꾸준히 기자단활동을 하며 발명관련 정보도 접하고 발명에 관련된 새로운 사람들도 만나게 되면서 발명에 한걸음 더 다가서게 되었다. 특히 내 기사가 우수 기사로 선발 되었을 때의 그 뿌듯함은 이루 말할 수 없었다.

발명을 시작하고 나서 포기하고 싶은 순간들도 있었지만 나를 성숙시켜주는 의미 있는 활동과 경험들이 탄탄한 밑거름이 되어주었기에 힘들다고 생각하지 않았고 좋은 성과물들을 얻으며 뿌듯함을 느끼고 있다. 힘들다는 생각 보다는 내게 주는 보람과 기쁨이 더 컸기에 극복할 수 있었다.

사람은 역경을 딛고 이루었을 때 비로소 더 빛나는 열매를 맺게 되는 것이다.

창의적 사고가 세상을 이룬다

　　흔히 생각하기를 과학과 발명의 세계에 있어, 논리란 반드시 필요한 만능열쇠, 혹은 만병통치약으로 알고 있다. 논리는 발명에 있어 중추적 역할을 하는 것이 사실이지만, 때로는 반드시 뛰어 넘어야 할 장벽이기도 하다.

　　세계 남녀노소를 불문하고 선풍적인 인기를 얻어 잘 팔리고 있는 제품군이 MP3이다. 그 중 세계 시장을 석권한 애플의 아이팟은 소비자의 욕구를 읽고 고객의 구미에 맞는 기능과 디자인으로 MP3 후발업체이지만 단번에 세계를 평정했다.

　　회사의 상황은 어려웠지만 실패를 두려워하지 않고 창의적 아이디어를 중요시한 애플의 CEO 스티브 잡스의 경영 철학이 만들어낸 결과다.

20세기는 젝웰치 같은 구조조정을 통한 경영 합리화가 성공했다면 21세기는 감성과 창의력을 바탕으로 한 애플의 스티브 잡스 같은 경영이 성공할 것이다.

아이팟 MP3에 이어 휴대폰 기능이 있는 아이폰을 개발 완료 발표됐다. 기존의 휴대폰의 개념을 뛰어넘는 자판이 없는 터치 식 스크린, 디자인 등 사용자 편이주의로 제품을 개발하여 휴대폰 회사들을 긴장 시키고 있다. 그리고 많은 사람들이 역시 스티브 잡스 같다는 찬사를 보내며 시장에 나오기를 갈망하고 있다.

애플이라는 브랜드와 거대한 유통망 디자인과 기술력 등이 합하여 만들어내는 성공 신화 뒤엔 인간의 창의력이 숨어 있었다.

창의적 사고는 누구에게나 열려있지만 누구든지 할 수 있는 것은 아니다. 다양하게 사고하고 새로움에 도전하는 사람에게만 주어지는 것이다.

한국의 스티브 잡스가 되길 원한다면 발명을 통한 창의적 사고를 키워보자!

창조의 과정에서 논리는 얼마나 도움이 될까?

논리적 사고란 좋은 것 아닌가요? 합리적인 결과를 낳도록 도와주잖아요.

맞아. 논리적 사고는 우리에게 매우 필요하지. 그러나 창조의 세계에서는 장애가 될 때도 있단다.
예를 들어, 창조의 과정에는 아이디어 발아단계와 실천단계가 각기 다른 성격으로 자리 잡고 있는데, '논리'란 아이디어를 실천하는 단계에서는 적절하나, 아이디어를 피워내는 발아단계에서는 터무니없는 도구로 작용할 수 있어.

발아의 단계는 하나의 씨앗이 흙 위에 떨어져 싹을 내듯 번뜩이는 힌트를 계기로 아이디어가 생겨나고 조작되는 과정으로서, 가장 중요한 것은 유연한 사고력이야. 만일 논리와 함께 이 단계에 뛰어든다면, '닭이 먼저냐? 달걀이 먼저냐?'라는 문제들에 부딪혀 제 자리 걸음만 하게 될 수도 있거든.

차라리 논리와 떨어져 '아무렴 어때, 닭이 먼저건 달걀이 먼저건 맛있으면 그만이지…'라고 생각하는 편이 나을 때도 있어. 어쩌면 '닭다리가 맛이 있으니 다리가 넷 달린 닭을 만드는 건 어떨까?' 하고 생각하는 편이 훨씬 긴요할지도 몰라.

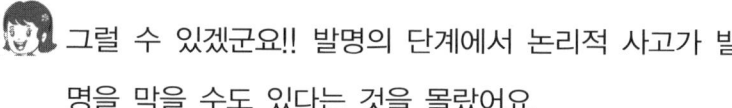 그럴 수 있겠군요!! 발명의 단계에서 논리적 사고가 발명을 막을 수도 있다는 것을 몰랐어요.

논리가 정작 필요한 곳은 다음 단계인 실천의 단계란다. 발아의 단계에서 탄생한 다리 넷 달린 닭과, 들고 다닐 수 있는 집들을 다듬고 정리하는 것이 논리에게 돌아가는 몫이지. 멋대로 자란 나무를 다듬는 과정에서 말이야. 논리는 이 단계에서 쓰는 것만으로도 족해.

즉, 아이디어를 만드는 데 가장 효율적인 방법은 유연한 사고방식과, 논리적 사고방식을 적절히 이용하는 것이 중요해.

발명을 향한 생각의 유연성을 연습해 보자.

한눈에 쏙~!

    아프리카 사람들에게 신발을 판매하기 위하여, 파리의
한 신발회사에서는 시장조사를 해보라며 두 청년을 파견했
다.

    한 청년은 학술적인 면에서 우등생이고 논리적인 계산
을 잘하는 똑똑한 사람이었고, 또 한 청년은 목사의 아들로
피엘 이라는 사람이었다.

    시장조사를 마친 두 청년에게서 얼마 후, 각각 결과가
보고되었다.

    똑똑하고 논리적인 청년의 보고서에는 "아프리카에 와
보니 신발을 신은 사람은 한 사람도 없고, 모두 맨발로 생활
하는데 익숙해 있으며, 미개하여 앞으로도 신발을 신을 가망
성은 전혀 보이지 않습니다." 라고 적혀있었다.

    그런데 또 한 청년 피엘의 보고서에는 "아프리카에는
한 사람도 신발을 신은 사람은 없으니, 신발을 팔 수 있는 시
장이 무궁무진 합니다." 라는 요지와 함께 '우선 500켤레만
보내주십시오' 라는 주문이 들어있었다.

    파리에서는 세계적으로 유명한 신발 500켤레를 피엘에

127
창의적 사고가 세상을 이룬다

게 즉시 우송했고, 피엘은 신발을 추장들에게 한 켤레씩 선물하며, 신어보라고 했다.

신발을 신어본 추장들은 맨발로 다닐 때보다 발이 훨씬 덜 아프고, 위험한 곳도 자유스럽게 다닐 수 있어 신발의 편리함을 알게 되었다.

그 결과, 피엘의 말대로 무궁무진한 신발시장을 개척하게 되었던 예가 있다.

이 세상에는 두 가지 유형의 사람이 있다.

하나는 '할 수 있다' 형이고, 또 하나는 '할 수 있을까?' 형이다.

할 수 있다고 믿는 사람과 할 수 있을까? 의심하거나 할 수 없다는 부정적인 사람사이에는 엄청난 차이가 있다. 망설이고 의심하는 동안 그 사람은 그만큼의 가능성과 기회를 잃게 되기 때문이다. 발명의 세계에서는 특히 이 사고 방식의 차이가 성패를 좌우하는 결정적 요인으로 작용할 때가 많다.

"나에게 그런 능력이 있을까? 창작이란 특별한 사람만 할 수 있는 특별한 행위가 아닐까?"

그렇게 자신을 스스로 무력하게 만들고, 창작은 남의 일쯤으로 여기는 사람에게 발전이란 있을 수 없다. 문제가 되는 것은 창의적 능력이 있느냐, 없느냐가 아니라 이를 끄집어내는 훈련과 노력인 것이다. 아무리 흔한 돌멩이라도 관심이 없는 사람에겐 무용지물일 수밖에 없고, 관심이 있는 사람에게는 요긴하게 쓰이는 자료가 된다.

한 석유회사에서 심리학자를 초빙하여 창의적인 직원과 그렇지 못한 직원과의 차이를 밝혀냈는데, 창의적이라는 평가를 받는 사람의 경우 자기 자신을 창의적 능력이 있는 사람이라고 생각하고 있었고, 반대의 경우 자기 스스로에 대해 아주 나쁜 점수를 매기고 있었다 한다.

나이, 학력, 출신 등 커다란 차이가 없었음에도 불구하고 생각이 이렇게 다를 수 있는 것은 바로 사고방식의 차이다.

창의적인 사람이 되는 일은 쉽고도 간단한 일이다. '안된다', '할 수 없다'는 등의 부정적인 사고방식을 '할 수 있다'는 긍정적 사고방식으로 바꾸면 모든 것은 가능하다.

그런 다음 자신만이 지니고 있는 독특한 창의력을 믿고, 매사를 주의 깊게 관찰하는 습관을 기른 다음, 법칙에 도전하며 모험을 망설이지 않는다면, 놀랍도록 변한 자기 자신을 발견하게 될 것이다.

아이디어 전쟁시대라 불리는 현대 사회에서 번뜩이는 상상력과 아이디어는 없어서는 안 될 중요한 재산이다.

창의적 사고는 단순 암기와 지식 습득으로만 이루어 질 수 있는 것이 아니라 새로운 지식을 습득하여 자기 것으로 만들고 새로운 아이디어와 발상을 통해 문제를 해결해가는 과정에서 생겨나는 것이다.

아이디어를 도출하기위해서는 많은 경험이 필요하다.

그 경험에는 독서나 토의, 동아리활동, 봉사활동 대회참여 TV시청 전시회 관람처럼 다양한 것들이 포함된다. 특히 관심분야에서의 활동은 그 분야의 창의적 사고를 키우는데 중요한 역할을 한다.

창의적인 사고력을 갖고서 활동들을 하면서 다양한 정보를 접하게 되고 많은 사람들과 토론을 하면서 생각이 폭이 넓어졌다.

때로는 학교공부 뿐만 아니라 주말에 전시회를 간다거나 친구들과 공모전을 준비하는 과정 가운데서 자신의 숨은 능력을 발견하게 된다.

다양한 체험은 다양한 사고를 낳고 다양한 사고는 창의적 사고로 이어질 수 있는 것이다.

발명은 멀리 있는 것이 아니라 가까이 있는 것이다.

다양한 경험을 통해 좀 더 나은 것으로 바꾸고자 하는 노력과 열정, 창조적 사고를 갖고 있을 때 발명은 물론 우리의 삶이 즐거워 질 수 있을 것이다.

창의적 사고가 세상을 이룬다

chapter 3

창의에서 발명으로

자신만의 발명 장소와 시간을 가져라

　　　　　　　　　항상 중요한 시험이 있는 날에
는 내가 가장 편안해하는 운동화를 신는다. 어떤 법칙처럼 그
신발을 신을 때 가장 마음이 편하기 때문이다. 또 마음에 고
민이 있어 누군가와 이야기를 나누고 싶을 때에 꼭 찾는 형이
있다. 그 형을 만나면 솔직한 이야기가 오가고 쉽게 마음이
좋아지기 때문이다. 누구에게나 자신에게 편한 장소와 편한
사람들이 있다. 편안한 상황 가운데 놓여 있을 때 더욱 창의
적인 사고와 다양한 생각들을 할 수 있다.

　　불편하고 긴장되는 상황 가운데 있을 때에는 아무리 실력
이 좋은 사람일지라도 실수를 연발하게 된다. 그만큼 사람은

주변 상황에 지배를 많이 받을 수밖에 없는 연약함이 있다. 그러므로 자신에게 편안하고 익숙한 환경을 알고 알맞게 선택하는 것이 중요하다.

발명을 하는 상황 또한 마찬가지다. 자신이 편안한 장소가 어디이고, 능률적인 시간이 언제인지 알아야 한다. 아이가 어머니 품에 있을 때 느끼는 안정감처럼 우리의 생각도 그러한 안정감을 요구하기 때문이다.

모든 꽃이 피는 시기가 다르듯이 각자에게 맞는 때가 있다. 내가 가장 편안해 하는 환경은 어디이며 가장 활발한 사고가 이루어지는 시간대는 언제인지 생각해보자.

석순이의 공부방

 용순이가 세상에서 가장 좋아하는 색은 무슨 색이야?

 전 초록색이 가장 좋아요. 초록색을 보고 있으면 자연이 느껴지고 마음이 편안해지거든요.

그런데 좋아하는 색은 왜 물어 보시는 거예요?

사람들은 물건을 선택하거나 옷을 살 때 자연스럽게 자신이 좋아하는 색을 선호하잖아. 그건 자신도 모르게 그것으로부터 편안함을 느끼고 있기 때문이야. 편안함을 느낄 때 우리는 자유로움을 느끼게 되니까.

맞아요! 전 정말 초록색 가방, 초록색 티셔츠와 초록색 필통까지~ 초록색 물건들이 많은 것 같아요. 의식하지 못했었는데 초록색을 자꾸 찾고 있었어요.

자신이 좋아하는 것, 자신이 편안해 하는 것이 무엇인지 아는 것은 중요하단다. 자신이 편안해 하는 상황일 때 우리의 능력은 120% 발휘되기 때문이지.

정말 그런 것 같아요. 저번 피아노 콩쿠르에 불편한 옷을 입고 나갔다가 피아노연주에 집중할 수 없어서 연주를 망친 적이 있어요.

이런… 발명 또한 마찬가지야. 자유로운 사고와 기발한 아이디어를 생각하려면 자신만의 좋은 환경을 선택해 주어야 해! 자기만의 연구실 환경을 생각해보고 효율적인 발명규칙을 만들어 보자.

자신만의 발명의 장소, 시간을 가져라!

최근 발명가들이 말하기를 발명에는 시간과 장소의 구애됨이 없다고 한다. 그러나 얼마 전까지만 해도 발명가에게 발명에 알맞은 시간과 장소가 있는 것으로 교육되었고, 실제로 많은 발명가들이 큰 도움을 받았고 또 실천했다.

따라서 오래전에 성공한 발명가들이 언제, 어디서 발명하는 것이 가장 효과적이라고 믿었는지를 알아보는 것도 의미가 있을 것이다.

선조들은 무슨 일을 하든지 아침이 가장 좋은 때라고 생각했다.

베토벤과 모차르트는 새벽에 작곡을 시작했고, 철학자 칸트도 새벽부터 사색에 잠겼으며, 발명왕 에디슨은 이른 아침부터 연구실을 찾았다.

사람에게 아침처럼 중요한 시간도 없다. 아침은 차분하고 희망에 차있기 때문이다. 아침 일찍 일어나서 남보다 더 노력한 사람이 성공한다는 것은 당연한 일인 것 같다. 아침이 운명을 좌우한다고 생각하여 발명가들에게 아침은 연구를 시작하는 시간이고, 저녁은 마무리하는 시간이었다.

발명의 새로운 아이디어를 내고, 연구를 하는데 가장 좋은 시간이 아침이라고 생각하는 것은 요즘 발명가들도 마찬가지이다.

발명가들은 발명하기에 가장 좋은 시간을 이른 아침이라고 말하고, 두 번째는 배가 조금 고팠을 때, 세 번째로는 궁지에 몰렸을 때, 네 번째 산책이나 사색을 할 때, 다섯째 일상생활을 할 때라고 말하고 있다.

발명의 장소로는 어디가 제일 좋은가? 관련 자료와 실험장비가 있는 연구실 말고도 세 곳이 더 있다. 선조들은 이를 가리켜 「발명 장소의 삼상」이라고 했다.

첫 번째 장소는 '침대 위'였다. 침대 위처럼 편한 곳도 없을 것이다. 잠들기 전이나, 꿈속에서 예상치 못한 아이디어가 떠오르기도 한다. 이 때문에 선조들은 베개 옆에 필기도구를 준비하고 있다가 아이디어가 떠오르면 즉시 기록했다.

두 번째 장소로는 화장실의 '변기 위'이다. 이곳은 외부와 단절된 좁은 공간이지만 아무런 방해도 받지 않는 편안한 공간으로, 사색의 장소로는 그만이다. 선조들은 대소변이 배설될 때, 머리에서는 새 아이디어가 나온다고 생각했다.

속설에 따르면 세종대왕의 훈민정음 창제 발상도 이곳에서 이루어졌다고 한다. 따라서 이곳에도 항상 필기도구가 준비되어 있었다.

최근 외국의 발명이론가들도 화장실을 '배설하는 장소로만 사용하기에는 너무나 값진 곳'이라고 말하고 있다.

세 번째는 '말안장 위'였다. 말이 움직일 때의 리듬을 타면 기분이 좋아지므로 아이디어를 떠올릴 수 있고, 요즘은 말 대신 전철, 버스, 택시 등을 타는 것으로 생각하면 될 것이다.

이처럼 우리나라의 발명가들은 일상생활의 모든 곳을 발명의 장소로 활용했다는 것을 알 수 있다. 결론적으로 발명의 장소는 따로 정해져 있는 것이 아니라 여행 중에, 병상에서, 혹은 산책하다가 등 아이디어를 창출시켜주는 그곳이 바로 발명의 최적지일 것이다.

자신만의 발명 장소와 시간을 가져라

용석이만의
발명연구소

대한민국 인재 연합회
활동을 하면서 봉사뿐
만 아니라 그곳에서 접하는 사람들과 상황들을 통하여 많은
아이디어를 얻을 수 있었다.

발명에 관심을 같이하는 회원들과 함께 일을 계획하고 실
천하면서 더 많은 아이디어가 쏟아져 나오는 경우가 많았다.

세계자연보호기금 단체의 주도하에 세계 최대 규모의 환
경운동 캠페인인 2012 지구촌 전등 끄기 캠페인을 주최하면
서 어려움 없이 큰 행사를 잘 마무리 할 수 있었다.

연합회 사무실에서 회원등과 고민하며 일을 계획할 때,
추진력과 기동력이 생겨서 목표가 더 빨리 이루어졌다. 학교
라는 큰 울타리 안에서도 편집부실 이라는 우리만의 공간이
있다는 것은 좀 더 생각을 집중시켜 주는 힘이 되었다.

또한 내가 하는 일이 '누군가를 도울 수 있는 일' 이라고
생각했을 때 아이디어가 샘　쏟는다는 것도 알게 되었다. 어
머니를 위한 발명품, 친구를 위한 발명품, 할머니를 위한 발
명품. 이렇게 대상을 설정해 놓을 경우에도 발명 속도가 빨라
지고 좋은 발명품을 착안해 낼 수 있는 것이다.

　편한 사람들과　편한 장소에서 일을 계획하고 실행할 때 능률은 배가 된다.

　발명도 마찬 가지다. 자신에게 맞는 방법과 자유로운 생각을 할 수 있는 편안한 공간을 잘 선택하면 발명 실력이 성장할 수 있다.

자신만의 발명 장소와 시간을 가져라

불가능한 발명은 피하라

        누구에게나 어린 시절 친구들과 함께 장래에 하고 싶은 일들을 이야기 했던 경험들이 있을 것이다. 슈퍼맨이 되어서 하늘을 난다든지 이 세상의 모든 악당을 내가 무찌른다든지 하는 꿈같은 이야기 말이다. 어른이 되어서 생각해 보면 참으로 웃기면서도 불가능한 이야기였다는 사실을 깨닫게 된다.

    꿈과 이상은 우리에게 소망을 주고 우리가 할 수 없는 것을 꿈꾸게 하고 불가능을 가능케 하는 힘이 있다.

    달나라에 가고 싶다는 꿈, 서울에서 부산까지 2시간 30분에 가는 것, 걸어 다니면서 인터넷 정보를 이용하는 것, 모두가 현실을 뛰어넘은 이상으로부터 얻어낸 좋은 결과이다.

그러나 가끔은 이러한 이상이 시간만 허비하고 실패만을 맛보게 하는 경우도 있다.

이러한 위험 요소는 발명에서도 적용된다.

현실을 뛰어 넘는 것은 좋지만 현실에는 맞지 않는 혹은 쓸모없는 발명품들이 그렇다. 아무리 복잡하고 유일무이한 물건일지라도 현실에서 사용할 수 없다면 훌륭한 발명품이라 말할 수 없는 것이다.

발명을 계획할 때 어떠한 상황에서 어떠한 역할로 쓰이게 될 발명품인지를 고민하고 그 틀 안에서 계획을 잡아 발명을 시작하는 것이 중요하다. 획기적인 발명을 하겠다는 마음만 너무 앞서서 현실에 어떻게 쓰일지 생각하지 않는다면 누군가에게도 사용 받지 못하기 때문이다.

즉, 모든 발명품에는 실용성이라는 요소가 꼭 들어가 있어야 한다. 실용성을 고려하지 않은 발명은 발명가 개인의 자기만족에 그치게 되기 때문이다.

불가능한 발명에 도전은 피하라. 50년, 100년 사용하던 물건을 편리하게 하겠다고 도전하는 발명은 피해야 한다.

현재와 미래에 많은 사람을 이롭게 할 발명품이 어떤 것들이 있을지 고민해보자.

불가능한 발명은 피하라

석순이의 공부방

용순이는 이번 방학 때 어떤 계획이 있어?

방학이요? 음… 저는 우선 책을 100권 읽고 영어 단어를 1000자 외우고 중국 여행을 해보고 싶어요. 또 수영과 배드민턴을 꼭 배우고 싶어요.
아차차! 제 발명품으로 특허출원도 하고 싶어요.

그 많은 일을 한 달 반 밖에 되지 않는 방학 중에 다 하겠다고?

아~ 제가 좀 욕심이 많았나요? 그렇지만 제가 모두 하고 싶은 것들이에요.

열심히 하고 싶은 용순이의 열정이 느껴지는구나! 그러나 방학 동안 그 모든 일을 다 하는 건 좀 불가능한 것 같은데…. 어떠한 목표를 설정할 때는 그것이 실천 가능한지를 생각해보는 것도 성공과 실패 여부에 중요한 영향을 미친단다.

그런 것 같아요. 항상 계획은 화려한데 제대로 이루는 게 없었던 것 같아요. '이것이 정말 실현가능한 계획일까?'를 생각해 보지 않았어요.

 그런 생각은 발명에 있어서도 매우 중요한 고민이야. '이것이 정말 실현가능 할까?', '이것이 정말 유용한 발명일까'와 같은 고민들을 하지 않고서 꿈과 이상만으로 발명을 한다면 쓸모없는 결과물이 나오게 되는 위험이 있단다.

실현 가능성과 실용 가능성을 생각하며 작품을 구상해 보자!

불가능한 발명은 피하라!

세계의 발명계는 「발명의 3대 불가능 분야」를 이렇게 기록하고 있다.

초보 발명가들에게 실용성이 아닌 꿈같은 이상적인 발명은 금물이다. 그중에서도 쇳덩이로 금덩이를 만들겠다는 연금술 계통, 사람이 늙지도 죽지도 않게 하겠다는 불노장생

약의 개발 계통, 영원히 움직이게 하겠다는 영구기관 계통의 발명은 아예 시작조차 하지 않는 것이 현명한 처사라 할 수 있다.

이상은 모든 인류의 하나같은 소망으로, 언젠가 실현 될 지도 모르지만 현실적으로 불가능한 것들이라 할 수 있다.

이 3대 불가능 분야에 도전했던 발명가들은 모두 실패 했다.

나폴레옹은 '내 사전에 불가능이란 없다' 는 말로 정벌의 역사를 써 나갔지만 우리가 살아가는 현실 속에서는 불가능한 일이 많다.

이에 대처하는 가장 현명한 방법은 불가능한 일은 하지 않는 것이다. 설령 불가능한 일을 하게 되었다고 해도 빨리 불가능임을 인정하고, 다른 일을 해야 시간의 낭비를 줄일 수 있다.

발명이란 꿈과 이상이 아니다. 반드시 실용적이어야 한다. 그러나 발명가들이 종종 이것을 지키지 않아 실패하기도 한다.

전등을 발명하고 전화, 축음기, 영화 등 다방면에 걸쳐서 뛰어난 업적을 남긴 발명왕 에디슨조차도 초창기에는 이런 실수를 범했다. 그는 평생 동안 1919건의 특허를 획득했는데 그 중에 '투표기록기'라는 것이 있다.

어느 날, 에디슨은 국회에서 투표하는 과정을 보게 되었다.

'국회가 투표를 하는데 너무 많은 시간을 낭비하고 있어. 그 시간을 절약하면 더 많은 일을 할 수 있을 터인데…'

에디슨은 생각 끝에 투표 과정을 자동으로 처리할 수 있는 투표기록기를 만들었다. 그것은 에디슨이 심혈을 기울여 만든 작품으로 국회의 투표시간을 획기적으로 줄이는데 크게 기여할 것으로 기대되는 발명품이었다.

그는 의기양양하게 투표기록기를 들고 국회로 갔다. 그러나 뜻밖에도 거절의 말을 듣고 물러 나와야 했다.

"이 기계를 사용하면, 소수당의 무기인 투표 연장을 막게 됩니다. 그러면 다수당의 횡포를 견제할 수 없게 됩니다. 따라서 국회에서는 사용할 수 없습니다."

심혈을 기울여 제작한 투표기록기가 아무 소용이 없게 되는 순간이었다.

이 일은 에디슨에게 커다란 충격을 주었고, 그래서 그는 스스로 굳게 다짐했다.

'이제부터는 세상이 필요로 하는 물건만을 만들어야지!'

불가능한 발명은 피하라

그 후, 에디슨은 철저하게 실용적인 발명품만을 만드는 데 힘을 쏟았다.

에디슨의 뼈아픈 경험이 말해주듯이 실용성이 없는 발명은 시간낭비일 뿐이다. 사회와 소비자들의 취향을 외면하고, 자신의 생각만이 절대적이라 믿고 만든 발명품이라면 팔릴 리가 없다. 그런 발명은 개인적으로나 사회적으로나 큰 손실이다.

발명은 인류의 사회생활에 가치 있는 것으로 아직까지 없던 새로운 기계나 물건을 만들어내는 기술적인 창작이다.

그러므로 발명은 새롭고, 진보적인 것이며, 공업적인 생산이 가능하고, 생산된 물건이 많은 사람들에게 유익하게 활용되어야 한다. 그렇다고 꼭 첨단 기술이어야 한다는 것은 아니다.

불가능한 발명은 피하자. 여기서 말하는 것은 창의력을 바탕으로 인류복지를 위한 발명을 말하는 것이 아니다. 앞서 말했듯이 실용성이 없는 꿈같이 불가능한 것들이다.

"용순아, 학교 늦

겠다. 빨리 가자!"

"알았어! 어젯밤 뉴스 봤니?"

"플러그를 빼놓지 않으면 전기요금이 많이 나온데!"

"어 어 컴퓨터 켜놓고 왔는데……."

"생각해 보니 나도 켜놓고 왔네! 어쩌지?"

"그럼 우리 빨리 돌아갔다 오자. 아니야! 지각할지도 몰

라. 그냥 가자."

나는 하루 종일 컴퓨터를 켜놓고 온 것이 마음에 걸렸다.

그날 밤 가족들이 모여서 저녁 식사를 하면서 전기 절약

에 대하여 대화를 하는데 우리 집에서 사용하는 가전제품을

살펴보니 TV, 스탠드, 컴퓨터, 세탁기, 선풍기, 청소기, 전자

레인지, 충전기, 복사기, 이루 말할 수 없이 너무나 많았다.

이 많은 전자제품들을 사용하지 않을 때에도 플러그에 꽂

혀 있음으로 인해 소비되는 전기가 얼마나 많을지 생각해보았

다.

각 가정에서 사용하지 않는 제품을 플러그에 꽂아 둠으로

써 허비되는 전기의 양은 아주 방대할 것이다. 그렇다고 매번

사용 안하는 전기제품을 플러그를 뽑아 두는 일 또한 쉽지가
않다.

'그러한 전기를 아낄 수 있는 좋은 방법이 없을까?'

그 순간 멀티 탭에 타이머를 이용하여 지정된 시간에 작
동하고 자동으로 스톱되는 플러그가 있다면 마음 조이며 걱정
하지 않아도 되며 전기료도 절약 할 수 있다는 생각이 떠올랐
다.

공기 배출
스트롱

채망

그냥 부어도 자동으로 걸러지는 깔대기

콘센트를 쉽게 뽑을 순 없을까?

홈에 손가락을 끼우면 편리하게 뽑을 수 있어요!

손가락을 넣을 수 있는 홈

멀티 탭에 타이머를 결합하여 만든 발명품을 시험 확인해보니 일정시간이 지나면 자동으로 전원이 차단되어 스탠드, 전자레인지 스위치를 내리는 것을 잊어버려도 전기의 낭비를 방지할 수 있었다.

집집마다 아니 우리나라 전체가 타이머를 이용한다면 얼마나 절약될까?

이제 나도 더 많은 아이디어를 가질 생각을 하기보다 먼저 발명을 잘하는 방법을 많이 배울 생각이다. 왜냐 하면 발명이 잘 되는 조건, 발명이 필요한 환경에 있으면 자연스럽게 아이디어가 떠오른다는 것을 경험했기 때문이다.

사람들에게 꼭 필요한 발명을 해야 한다는 깨달음으로 더 좋은 발명을 할 수 있을 것 같다.

한발 앞선 출원이  중요하다

어떤 일을 할 때 그것의 타이밍은 참 중요한 문제이다. 이미 고3이 된 학생이 그제야 중학교 때 부족했던 공부를 한다거나 시험기간에 독서를 하는 것은 나쁜 일은 아니지만 타이밍이 맞지 않는 경우이다. 언제나 가장 좋은 타이밍이란 존재하기 마련이다.

발명을 한 후 바로 해야 할 일은 무엇일까?

발명을 마쳤다면 빨리 출원신청을 하고 특허심사를 받아야 한다. 자신이 아무리 발명을 하였다 해도 다른 사람이 먼저 특허출원을 했다면 그동안 땀 흘리고 노력한 보람은 사라지고 자신의 발명 아이디어라고 말 할 수 없다.

달에 착륙을 하는 것은 매우 대단한 일이나 달나라에 처음 간 사람과 두 번째 간 사람의 평가는 큰 차이를 이룬다. 사람들의 기억 속에는 처음으로 달나라에 간 사람의 이름을 기억하고 박수를 보내기 때문이다.

이처럼 발명 또한 먼저 개발하여 빨리 출원신청을 하는 것이 중요하다. 자신의 땀과 열정으로 이룬 발명품이 특허 출원하고 등록을 받을 때 그제야 발명이 자신의 것으로 권리가 보장되는 것이다.

석순이의 공부방

지금까지 발명에 대해 아주 많은 것들을 배워 왔어. 그러나 가장 중요한 한 가지가 남아 있단다. 그 것은 바로 특허출원을 하는 일이야.
특허 출원을 하지 않은 아이디어는 확실하게 나의 아이디어라고 말 할 수 없어.

특허출원이요? 그게 정확히 뭔가요?

한발 앞선 출원이 중요하다

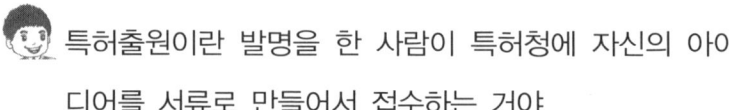 특허출원이란 발명을 한 사람이 특허청에 자신의 아이디어를 서류로 만들어서 접수하는 거야.

 그럼 출원의 종류에는 어떤 것들이 있나요?

특허출원의 종류에는 지식재산권이라고 하며, 특허권, 실용신안권, 디자인권, 상표권이 있단다.

지식재산권은 새로운 지식에 대한 권리를 보장받는 것이고 특허권은 없었던 것을 새롭게 개발했을 때 그 사람에게 주는 권리란다. 실용신안권은 원래 있었던 물건에 추가적인 기능을 더하여 새로운 기능을 가졌을 때 인정해 주는 것이야.

디자인권은 좀 더 예쁜 디자인과 색상으로 새로움을 만들었을 때 주는 것, 상표권은 상호와 같은 고유한 문자, 도형 등을 인정해 주는 거야.

 그렇게 설명해 주시니까 쉽게 이해가 가는 걸요.

그렇지만 특허출원을 받는 절차는 쉽지만은 않단다. 전문지식을 가진 사람에게 출원업무 대행을 맡겨서 이루어져야 하는 일들이지. 명세서를 맞게 쓰지 않으면 합당한 권리보호를 받을 수가 없기 때문이야.

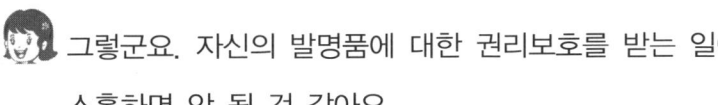
그렇군요. 자신의 발명품에 대한 권리보호를 받는 일에 소홀하면 안 될 것 같아요.

그래. 어떻게 하면 권리 보호를 잘 받을 수 있을지 발명 선생님께 들어 보도록 하자.

　　발명품 하나를 만들어내기 위해 발명가가 쏟은 정열은 이루 말할 수가 없을 것이다. 어떤 이는 인생의 반평생을 한 가지 일에 바쳤거나, 혹은 전 재산을 탕진하는 경우도 있다. 그렇기 때문에 발명품에 대한 일정한 권리는 발명가 자신에게 있으며, 우리는 그것을 존중해 줄 의무가 있다.

　　발명에 대한 자신의 권리를 확실하게 보장받고 싶다면, 발명 즉시 특허출원을 서둘러야 한다. 어떤 사람들은 발명의 과정이나 발명품만을 중시하여 특허출원 절차에 대해서는 대수롭지 않게 생각하는 경우가 있는데 이는 매우 위험한 자세이다. 아무리 훌륭한 발명이라 할지라도 특허출원을 거치지 않은 것은 법적으로 보호를 받을 수 없기 때문이다.

또한 특허출원을 차일피일 미루는 것도 바람직한 태도가 아니다. 동일한 사안이라면 특허권은 가장 먼저 접수되는 것이 그 권리를 인정받기 때문이다.

실제로 알렉산더 그레헴 벨은 엘리사 글레인 보다 한 시간 먼저 특허출원을 하여 전화기의 발명가가 되었다.

1876년 2월15일 오후 1시경, 알렉산더 그레헴 벨은 전화기에 대한 자신의 연구결과를 종합하여 특허출원 서류를 접수했다. 그런데 공교롭게도 그로부터 약 한 시간 뒤인 오후 2시경, 엘리사 글레인도 특허출원을 했다고 한다.

"누가 특허권을 따내게 될까?"

글레인은 가난한 농부의 아들로 태어나, 여러 가지 어려움을 견디면서 천신만고 끝에 전화기를 발명했다.

그러나 안타깝게도 이 팽팽한 싸움은 벨의 승리로 끝났다.

두 사안을 검토한 결과 기술적 차이는 거의 없었고, 특허출원 접수 시간이 빠른 벨에게 특허권이 돌아갈 수밖에 없었던 것이다.

발명의 세계에 2등은 존재하지 않는다. 아차상 따위를 바란다면 그는 평생 성공의 기회를 잡지 못할 것이다.

특허출원이 발명의 마지막 절차임을 결코 잊어서는 안 된다.

자신의 아이디어가 아무리 독창적인 것이라 할지라도, 그 순간 다른 누군가도 같은 연구를 하고 있을지도 모른다는 생각을 염두에 두어야 하며, 자신도 모르는 사이 아이디어가 남에게 유출될 수도 있다는 사실을 명심해야 한다.

19세기 초반에 갈고리를 발명한 한 인부는 특허출원을 하기 위해 도시로 가는 중이었다. 우연하게 만난 낯선 사람과 자신의 아이디어를 자랑삼아 떠벌렸다가 서류를 도둑맞고 말았다.

다음날, 부랴부랴 특허청에 도착했을 때는 이미 누군가에 의해 특허출원이 끝난 상태였다. 여기 저기 탄원을 했으나 허사였다. 그는 결국 하룻밤의 실수로 인해 수천만 달러의 이익을 날려버렸다. 특허출원이 끝나기 전까지는 내 발명이 아닌 것이다.

한발 앞선 출원이 중요하다

용석이는 두 개의 특허
등록이 된 것과 한 개
의 특허출원 된 발명품이 있다.

　환풍팬에서 배출되는 폐 바람을 이용한 발전장치 (특허등
록 제10-1079858호), 신축 가능한 주름 체에 의해 누전이 방
지되는 케이블 릴 (특허등록 제10-1124966호)과 휴대용 책꽂
이 (특허출원 제10-2012-0048082호)는 출원 중이다.

　아이디어를 구상하고 많은 시행착오를 거쳐 발명품을 개
발했다면 반드시 특허출원을 해야 한다. 특허 출원을 받지 않
으면 그것은 나의 발명품이 되지 않기 때문이다.

　학생으로서 처음으로 해보는 일이기에 어디서, 어떻게 특
허출원을 받아야 하는지 어렵게만 느껴졌다. 그리고 꼭 받아
야 하는 걸까 라고 생각했지만 곧 잘못된 생각임을 깨달았다.

　특허출원은 발명선생님을 통하여 자세한 절차를 물어보
고 도움을 받아 신청을 할 수 있었다. 특허출원을 하고서 특
허등록을 받았을 때에 느꼈던 감동은 실제 발명품이 개발 되
었을 때 보다 더 큰 감격을 주었다.

특허등록을 받았을 때 정말 나의 작품이구나! 나의 발명품이 되었구나! 라는 생각이 들었고 부모님과 친구들에게도 뿌듯함을 느낄 수 있었다.

뿐만 아니라 외국에 나가 나의 발명품을 심사위원께 설명하고 평가받을 때 특허등록은 없어서는 안 될 중요한 과정이었다.

한발 앞선 출원이 중요하다

지금까지 발명에 대해 너무 많은 과정들을 배워 왔다. 일상에서 작은 느낌, 불편들을 찾고 그것을 발상으로 옮겨 발명으로 이어가기까지 배웠던 모든 것들이 중요하지 않았던 것은 없다.

그러나 마지막 단계인 특허출원을 간과한다면 그것은 진정으로 완성된 발명이라고 말할 수 없다. 마무리를 잘하는 사람이 다음 단계의 시작도 잘 해낼 수 있다고 생각한다.

많은 학생들이 빠른 특허출원으로 발명가로서의 권리를 보호받고 인류에 공헌하는 발명 메아리가 펼쳐지길 바란다.

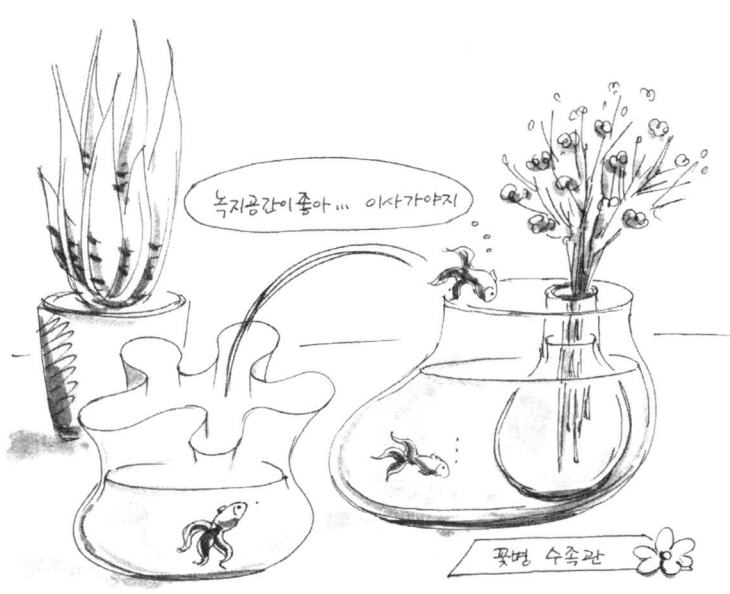

용석이의
특허출원명세서를 보자

옹석이의 발명품 하나

환풍기에서 배출되는 폐 바람을 이용한 발전장치

Emergency Exit Light etc, LED light and other electrical uses

Generator Fan

Ventilation Fan

Several Holes for Reducing Friction against Wind

Power Generator

Electrical Condenser

≪명세서≫

【발명의 명칭】

환풍기에서 배출되는 폐 바람을 이용한 발전장치
(WIND POWER GENERATOR)

−특허등록 제10−1079858호

【기술 분야】

　본 발명은 환풍기에서 배출되는 폐 바람을 이용한 발전장치에 관한 것으로, 더욱 상세하게는 외부로부터 추가적인 에너지를 공급받지 않고, 건물 등지의 환풍기로부터 배출되는 바람을 이용하여 전력 생산을 할 수 있으며, 환풍기가 설치되어 있는 곳이라면 어디든지 설치할 수 있으므로 설치가 용이한 장점이 있을 뿐만 아니라 생산되는 전력을 이용하여 조명등을 점등할 수 있게 되어 건물 등지의 전기료 절감 및 자원 재활용 효과를 얻을 수 있는 환풍기에서 배출되는 폐 바람을 이용한 발전장치에 관한 것이다.

【배경기술】

　화석연료의 고갈 및 고비용, 환경오염 등의 이유로 인해 조력, 태양력, 풍력 등과 같은 자연에너지로부터 전력을 얻기 위한 연구가 다방면으로 진행되고 있으며, 특히 풍력발전은 공기의 유동이 가지는 운동에너지를 이용하고 기존의 대체에너지 중에서도 가장 적은 면적을 차지하는 발전방법이어서 언제 어느 곳에나 무한정으로 청정한 에너지를 얻을 수 있는 것이며, 환경에 미치는 영향이 거의 없어 매우 유망한 대체 에너지이다.

　그러나 현재 국내에서 이루어지고 있는 풍력발전은 바람이 많지 않고 평균풍압이 낮은 국토의 특성상 대개 소규모로만 이루어지고 있으며, 더구나 0.3 ~ 50KW 미만인 소 풍력발전마저도 타워설치로 인한 고비용 문제와 운송비용, 발전기의 소음으로 인한 주민들의 불편으로 인해 실제 전력이 많이 필요한 인구 밀집지역에서 풍력 발전을 실용화한다는 것은 쉬운 일이 아니다.

　최근 들어 자동차나 지하철, 철도 등과 같은 차량이 지나가면서 발생하게 되는 주행풍, 즉 차량주행풍이나 자연풍을 이용하여 발전함으로써 전기에너지를 생산하고자 하는 시도

4부 용석이의 특허출원명세서를 보자

가 있어왔다.

그런데, 차량이나 지하철이 운행하는 터널 또는 대형 빌딩 등지에는 환기를 위하여 환기 시설이 설치되는 것이 일반적이며, 이러한 환기 시설 중 환풍기를 통해 실내에서 외부 측으로 바람이 배출된다.

즉, 이러한 환풍기를 통해 지속적으로 바람이 발생하게 되지만, 이렇게 외부로 배출되는 바람을 그대로 방치하고 있는 실정이다.

【발명의 내용】
-해결하려는 과제

본 발명은 전술한 바와 같은 종래의 환풍기에서 배출되는 폐 바람을 이용한 발전장치에서 기인되는 제반 문제점을 해결 보완하기 위한 것으로,

본 발명의 목적은 외부로부터 추가적인 에너지를 공급받지 않고, 건물 등지의 환풍기로부터 배출되는 바람을 이용하여 전력 생산을 할 수 있는 환풍기에서 배출되는 폐 바람을 이용한 발전장치를 제공하는 데 있다.

본 발명의 다른 목적은 환풍기가 설치되어 있는 곳이라면

어디든지 설치할 수 있으므로 설치가 용이한 장점이 있는 환풍기에서 배출되는 폐 바람을 이용한 발전장치를 제공하는 데 있다.

본 발명의 또 다른 목적은 생산되는 전력을 이용하여 조명등을 점등할 수 있게 되어 건물 등지의 전기료 절감 및 자원재활용 효과를 얻을 수 있는 환풍기에서 배출되는 폐 바람을 이용한 발전장치를 제공하는 데 있다.

- 과제의 해결 수단

전술한 과제를 달성하기 위한 본 발명에 따르면

환풍기에서 배출되는 폐 바람을 이용한 발전장치에 있어서, 환풍기와 떨어져 배치되고, 통기공이 형성된 허브 및 허브를 중심으로 상호 떨어지도록 배치되어 환풍기로부터 배출되는 바람에 의해 회전하는 날개 발전팬의 회전에 의해 전력을 생산하는 발전기에 의해 생산된 전력을 축전하는 축전기를 포함하되, 환풍기로부터 배출되는 바람이 허브를 통과하는 유로를 형성하여 바람이 역류하는 것을 방지함으로써 날개를 회전시키는 바람의 세기가 약해지지 않도록 하는 것을 특징으로 하는 환풍기에서 배출되는 폐 바람을 이용한 발전장치를 제공한다.

한편, 본 발명은 환풍기에서 배출되는 폐 바람을 이용한 발전장치에 있어서, 허브캡은, 환풍기로부터 배출되는 바람이 날개 측을 향할 수 있도록 유도하여 날개를 회전시키는 바람의 세기가 강해지도록 하는 것을 특징으로 하는 환풍기에서 배출되는 폐 바람을 이용한 발전장치를 제공한다.

축전기로부터 전원을 공급받아 점등되는 조명등을 포함하고, 조명등은, 비상구유도등 또는 간판조명등인 것일 수 있다.

환풍기와 발전팬 사이에는 환풍기로부터 배출되는 바람이 통과하도록 유로를 형성하는 터널이 포함되고, 터널은, 환풍기로부터 배출되는 바람이 유입되는 유입구 측과 바람이 유출되는 유출구 측 유로의 단면적에 비해 유출구와 유출구 사이 일정구간 유로의 단면적이 작게 형성되어 바람의 유속을 조절하도록 구성될 수 있다.

터널은, 일정구간이 유입구로부터 유출구를 향해 갈수록 유로가 좁아지게 형성되고, 일정구간 다음에는 유입구로부터 유출구를 향해 갈수록 유로가 넓어지게 형성되도록 구성될 수 있다.

【발명의 효과】

본 발명에 따른 환풍기에서 배출되는 폐 바람을 이용한 발전장치에 의하면, 외부로부터 추가적인 에너지를 공급받지 않고, 건물 등지의 환풍기로부터 배출되는 바람을 이용하여 전력 생산을 할 수 있는 효과가 있다.

또, 본 발명은 환풍기가 설치되어 있는 곳이라면 어디든지 설치할 수 있으므로 설치가 용이한 장점이 있는 효과가 있다.

또한, 본 발명은 생산되는 전력을 이용하여 조명등을 점등할 수 있게 되어 건물 등지의 전기료 절감 및 자원재활용 효과를 얻을 수 있는 효과가 있다.

【도면의 간단한 설명】

도1은 본 발명의 제1 실시 예에 따른 환풍기에서 배출되는 폐 바람을 이용한 발전장치의 사시도이다.

도2는 도1에 도시된 발전팬의 측면도이다.

도 3은 본 발명의 제2 실시 예에 따른 환풍기에서 배출되는 폐 바람을 이용한 발전장치에서 사용되는 발전팬의 측면도이다.

도4는 본 발명의 제3 실시 예에 따른 환풍기에서 배출되는 폐 바람을 이용한 발전장치에서 사용되는 발전팬의 측면도이다.

도5는 본 발명의 제4 실시 예에 따른 환풍기에서 배출되는 폐 바람을 이용한 발전장치의 개략적인 구성도이다.

도6은 본 발명의 제1 실시 예에 따른 환풍기에서 배출되는 폐 바람을 이용한 발전장치의 사용 상태를 나타낸 사용상태도이다.

【발명을 실시하기 위한 구체적인 내용】

이하 도면을 참조하여 상세히 설명한다. 그러나 이들 도면은 예시적인 목적일 뿐, 본 발명이 이에 한정되는 것은 아니다.

도 1은 본 발명의 제1 실시 예에 따른 환풍기에서 배출되는 폐 바람을 이용한 발전장치의 사시도이고, 도 2는 도 1에 도시된 발전팬의 측면도이다.

도1 및 도2를 참조하면, 본 발명의 제1 실시 예에 따른 환풍기에서 배출되는 폐 바람을 이용한 발전장치는 크게 환풍기 (100)와 발전팬(200), 발전기(300) 및 축전기(400)를 포함하여 구성된다.

환풍기(100)는 건물 등지에 설치되는 환기장치의 하나로, 실내의 공기를 환기시켜주는 기구이며, 통상 구동수단, 예를 들어 모터를 통해 날개 등을 회전시켜 공기를 흐르게 한다.

발전팬(200)은 전술한 환풍기(100)로부터 배출되는 바람의 에너지를 하기의 발전기(300)를 통해 전기에너지로 바꿔주기 위해 환풍기(100)로부터 배출되는 바람을 이용하여 회전하게 되는 구성요소이다. 이러한 발전팬(200)은 환풍기(100)와 떨어져 배치되고, 허브(210)와 날개(220)를 포함하여 이루어진다. 허브(210)는 발전팬(200)의 구동축에 연결되는 부분으로, 통기공(212)이 형성된다. 통기공(212)은 도2와 같이 환풍기(100)로부터 배출되는 바람이 허브(210)를 통과하는 유로를 형성하여 바람이 허브(210)에 부딪혀 역류하는 것을 방지함으로써 날개(220)를 회전시키는 바람의 세기가 약해지지 않도록 하는 역할을 하게 된다. 날개(220)는 허브(210)를 중심으로 상호 떨어지도록 배치되어 환풍기(100)로부터 배출되는 바람에 의해 회전하는 구성요소이며, 이와 같이 날개(220)

4부 옹석이의 특허출원명세서를 보자

가 회전함으로써 허브(210)와 구동축이 동시에 회전하여 발전기(300)를 동작시키게 된다.

발전기(300)는 전술한 발전팬(200)의 구동축에 연결되는 구성요소로써, 환풍기(100)로부터 배출되는 바람에 의해 발전팬(200)의 날개(220)가 회전하면서 발생하는 날개(220)의 회전력을 이용하여 전력을 생산하게 된다.

축전기(400)는 발전기(300)에 의해 생산된 전력을 저장, 즉 축전하는 구성요소이다.

이와 같이 구성되는 본 발명의 제1 실시 예에 따른 환풍기에서 배출되는 폐 바람을 이용한 발전장치에 의해 생산되어 축전된 전기는 건물 등지에서 사용되는 각종 조명등(500)이나 가전제품 등에 공급하도록 구성될 수 있으며, 본 명세서에서는 이와 같이 축전기(400)에 축전된 전기가 조명등(500), 특히 비상구유도등에 공급되는 것을 예로 들어 설명하기로 한다.

조명등(500)은 전술한 것과 같이 축전기(400)로부터 전원을 공급받아 점등되는 것으로, 도1에 도시된 비상구유도등이나 간판조명등, 가로등, 건물 실내등 등 다양한 곳에 설치된 조명등에 축전기에 축전된 전기를 공급하도록 구성될 수

용석이의 발명품

있다.

도3은 본 발명의 제2 실시 예에 따른 환풍기에서 배출되는 폐 바람을 이용한 발전장치에서 사용되는 발전팬의 측면도이고, 도4는 본 발명의 제3 실시 예에 따른 환풍기에서 배출되는 폐 바람을 이용한 발전장치에서 사용되는 발전팬의 측면도이다.

도3 및 도4에 도시된 바와 같이, 본 발명의 제2 및 제3 실시 예에 따른 환풍기에서 배출되는 폐 바람을 이용한 발전장치는 전술한 제1 실시 예에 따른 환풍기에서 배출되는 폐 바람을 이용한 발전장치와 거의 유사하게 구성되나, 허브(210)에 허브캡(230)이 장착된다는 점에서 차이가 있다.

이때, 도3에 나타나는 본 발명의 제2 실시 예에 따른 환풍기에서 배출되는 폐 바람을 이용한 발전장치의 경우 수직단면이 삼각형 형상인 원뿔 형태의 허브캡(230)이 허브(210)에 장착되고, 도 4에 도시된 본 발명의 제3 실시 예에 따른 환풍기에서 배출되는 폐 바람을 이용한 발전장치의 경우 수직단면이 반원 또는 반타원 형상인 허브캡(230)이 허브(210)에 장착된다는 점에서 구분된다.

이와 같은 허브캡(230)은 환풍기(100)로부터 배출되어

4부 옹석이의 특허출원명세서를 보자

허브(210)측으로 불어오는 바람이 허브캡(230)의 외면을 따라 날개(220)측을 향할 수 있도록 유도함으로써 발전팬(200)의 날개(220)를 회전시키는 바람의 세기가 더욱 강해지도록 하는 역할을 하게 된다.

여기서, 본 발명에서는 허브캡(230)의 수직단면 형상이 도 3과 같이 삼각형 형상이거나 도 4와 같이 반원 또는 반타원 형상인 것으로 설명하였으나, 환풍기(100)로부터 배출되는 바람이 날개(220)측을 향할 수 있도록 유도할 수 있는 다른 형상으로 형성된 허브캡 또한 사용할 수 있다.

도 5는 본 발명의 제4 실시예에 따른 환풍기에서 배출되는 폐 바람을 이용한 발전장치의 개략적인 구성도이다.

도 5를 살펴보면, 본 발명의 제4 실시예에 따른 환풍기에서 배출되는 폐 바람을 이용한 발전장치에서는 환풍기(100)와 발전팬(200) 사이에 환풍기(100)로부터 배출되는 바람이 통과하도록 유로를 형성하는 터널(600)이 마련된다.

이때, 터널(600)은 환풍기로부터 배출되는 바람이 유입되는 유입구(610)와, 유입구(610)를 통해 터널(600)에 유입된 바람이 유출되는 유출구(620), 그리고 터널(600)의 내부에 형성되어 바람의 유속을 조절하는 유속조절부(630)를 포함한다.

유속조절부(630)는 유입구(610)와 유출구(620) 사이에 형성되는데, 유입구(610)측과 유출구(620)측 유로의 단면적에 비해 터널(600) 내 일정구간(S)에 형성되는 유로의 단면적이 더 작게 형성되는 부분이다.

특히, 유속조절부(630)가 형성되는 터널(600) 내 일정구간(S)은 유입구(610)로부터 유출구(620)를 향해 갈수록 유로가 좁아지게 형성되고, 일정구간(S) 다음에는 유입구(610)로부터 유출구(620)를 향해 갈수록 유로가 넓어지게 형성된다.

이에, 환풍기(100)로부터 배출되는 바람은 터널(600)의 유입구(610)나 유출구(620)에 비해 유속조절부(630)가 형성되어 있는 일정구간(S)에서 속도가 더 빨라지게 되어 발전팬(200)의 회전 속도를 증가시키게 되며, 따라서 발전기(300)에서 생산되는 전력량을 증대시킬 수 있게 된다.

이러한 유속조절부(630)가 형성되는 일정구간(S)은 환풍기(100)의 환풍 용량이나 발전기(300)의 발전용량, 설치환경 등 여러 가지 조건에 따라 유로의 크기를 더 크게 하거나, 더 작게 형성할 수 있다.

이하에서는 이러한 구성에 따른 본 발명에 따른 환풍기에서 배출되는 폐 바람을 이용한 발전장치를 첨부도면을 참조하여 상세히 설명한다.

도6은 본 발명의 제1 실시 예에 따른 환풍기에서 배출되는 폐 바람을 이용한 발전장치의 사용 상태를 나타낸 사용상태도이다.

도6을 참조하면, 건물 내의 입주자 등에 의해 실내 공기를 환기시키고자 하는 경우 환풍기(100)가 동작되게 된다. 이러한 환풍기(100)는 입주자에 의해 동작될 수도 있지만, 항상 환기를 위해 동작되고 있는 상태일 수 있다.

이러한 환풍기(100)의 동작에 의해 실내 공기가 환풍기(100)로부터 배출되며, 배출된 실내 공기, 즉 바람은 환풍기(100)에 근접하여 떨어져 배치된 발전팬(200)의 날개(220)를 회전시키게 된다.

이에 따라 발전팬(200)의 구동축이 회전되고, 발전팬(200)의 구동축에 연결되어 있는 발전기(300)에 의해 전력이 생산되며, 발전기(300)에 의해 생산된 전기는 축전기(400)에 축전된다.

그리고 조명등(500), 즉 비상구유도등이 축전기(400)로부터 전원을 공급받아 점등되는 것이다.

이처럼, 본 발명에 따른 환풍기에서 배출되는 폐 바람을 이용한 발전장치는 건물 등지의 환풍기(100)에서 배출되는 바람을 이용하여 전력 생산을 하는 것으로, 외부로부터 추가적인 에너지를 공급받지 않고, 그동안 버려지던 환풍기(100)의 바람에너지를 이용하여 전기를 생성하는 유용한 발명인 것이다.

이와 같이, 본 발명이 속하는 기술 분야의 당업자는 본 발명이 그 기술적 사상이나 필수적 특징을 변경하지 않고서 다른 구체적인 형태로 실시될 수 있다는 것을 이해할 수 있을 것이다.

그러므로 이상에서 기술한 실시 예들은 모든 면에서 예시적인 것이며 한정적인 것이 아닌 것으로서 이해해야만 하고, 본 발명의 범위는 상기 상세한 설명보다는 후술하는 특허청구범위에 의하여 나타내어지며, 특허청구범위의 의미 및 범위 그리고 그 등가 개념으로부터 도출되는 모든 변경 또는 변형된 형태가 본 발명의 범위에 포함되는 것으로 해석되어야 한다.

【부호의 설명】

100: 환풍기   200: 발전팬   210: 허브   212: 통기공

220: 날개   230: 허브캡   300: 발전기   400: 축전기

500: 조명등   600: 터널   610: 유입구   620: 유출구

630: 유속조절부

【특허청구범위】

－청구항 1

환풍기에서 배출되는 폐 바람을 이용한 발전장치에 있어서,

환풍기와; 상기 환풍기와 떨어져 배치되고, 통기공이 형성된 허브 및 상기 허브를 중심으로 상호 떨어지도록 배치되어 상기 환풍기로부터 배출되는 바람에 의해 회전하는 날개를 포함하는 발전팬과; 상기 발전팬의 회전에 의해 전력을 생산하는 발전기; 및 상기 발전기에 의해 생산된 전력을 축전하는 축전기; 를 포함하되,

상기 통기공은, 상기 환풍기로부터 배출되는 바람이 상기 허브를 통과하는 유로를 형성하여 바람이 역류하는 것을 방지함으로써 상기 날개를 회전시키는 바람의 세기가 약해지지 않

도록 하는 것을 특징으로 하는 환풍기에서 배출되는 폐 바람을 이용한 발전장치.

–청구항 2

환풍기에서 배출되는 폐 바람을 이용한 발전장치에 있어서,

환풍기와; 상기 환풍기와 떨어져 배치되고, 허브캡이 장착되는 허브 및 상기 허브를 중심으로 상호 떨어지도록 배치되어 상기 환풍기로부터 배출되는 바람에 의해 회전하는 날개를 포함하는 발전팬과;

상기 발전팬의 회전에 의해 전력을 생산하는 발전기; 및 상기 발전기에 의해 생산된 전력을 축전하는 축전기; 를 포함하되,

상기 허브캡은, 상기 환풍기로부터 배출되는 바람이 상기 날개 측을 향할 수 있도록 유도하여 상기 날개를 회전시키는 바람의 세기가 강해지도록 하는 것을 특징으로 하는 환풍기에서 배출되는 폐 바람을 이용한 발전장치.

-청구항 3

제 1 항 또는 제 2 항에 있어서,

상기 축전기로부터 전원을 공급받아 점등되는 조명등을 포함하고,

상기 조명등은, 비상구유도등 또는 간판조명등인 것을 특징으로 하는 환풍기에서 배출되는 폐 바람을 이용한 발전장치.

-청구항 4

제 3 항에 있어서,

상기 환풍기와 상기 발전팬 사이에는 상기 환풍기로부터 배출되는 바람이 통과하도록 유로를 형성하는 터널이 포함되고,

상기 터널은, 상기 환풍기로부터 배출되는 바람이 유입되는 유입구 측과 상기 바람이 유출되는 유출구 측 유로의 단면적에 비해 상기 유출구와 상기 유출구 사이 일정구간 유로의 단면적이 작게 형성되어 상기 바람의 유속을 조절하는 것을 특징으로 하는 환풍기에서 배출되는 폐 바람을 이용한 발전장치.

-청구항 5

제 4 항에 있어서,

상기 터널은, 상기 일정구간이 상기 유입구로부터 상기 유출구를 향해 갈수록 유로가 좁아지게 형성되고,

상기 일정구간 다음에는 상기 유입구로부터 상기 유출구를 향해 갈수록 유로가 넓어지게 형성되는 것을 특징으로 하는 환풍기에서 배출되는 폐 바람을 이용한 발전장치.

≪요약서≫

【요 약】

본 발명은 환풍기에서 배출되는 폐 바람을 이용한 발전장치에 관한 것으로, 더욱 상세하게는 외부로부터 추가적인 에너지를 공급받지 않고, 건물 등지의 환풍기로부터 배출되는 바람을 이용하여 전력 생산을 할 수 있으며, 환풍기가 설치되어 있는 곳이라면 어디든지 설치할 수 있으므로 설치가 용이한 장점이 있을 뿐만 아니라 생산되는 전력을 이용하여 조명 등을 점등할 수 있게 되어 건물 등지의 전기료 절감 및 자원

재활용 효과를 얻을 수 있는 환풍기에서 배출되는 폐 바람을 이용한 발전장치에 관한 것이다.

본 발명에 따르면 환풍기에서 배출되는 폐 바람을 이용한 발전장치에 있어서, 환풍기와; 환풍기와 떨어져 배치되고, 통기공이 형성된 허브 및 허브를 중심으로 상호 떨어지도록 배치되어 환풍기로부터 배출되는 바람에 의해 회전하는 날개를 포함하는 발전팬과; 발전팬의 회전에 의해 전력을 생산하는 발전기; 및 발전기에 의해 생산된 전력을 축전하는 축전기; 를 포함하되, 통기공은, 환풍기로부터 배출되는 바람이 허브를 통과하는 유로를 형성하여 바람이 역류하는 것을 방지함으로써 날개를 회전시키는 바람의 세기가 약해지지 않도록 하는 것을 특징으로 하는 환풍기에서 배출되는 폐 바람을 이용한 발전장치를 제공한다.

【대표도】

100

212

220

200
———
220 210

210   300

300

400

500

4부 용석이의 특허출원명세서를 보자

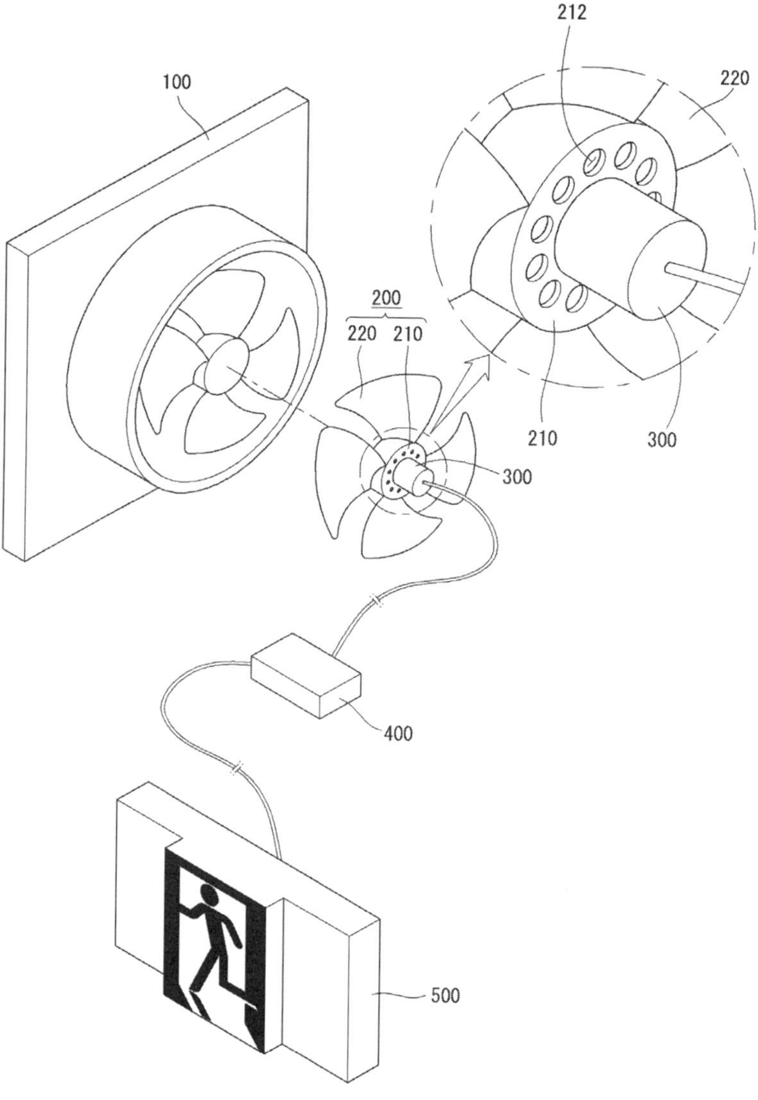

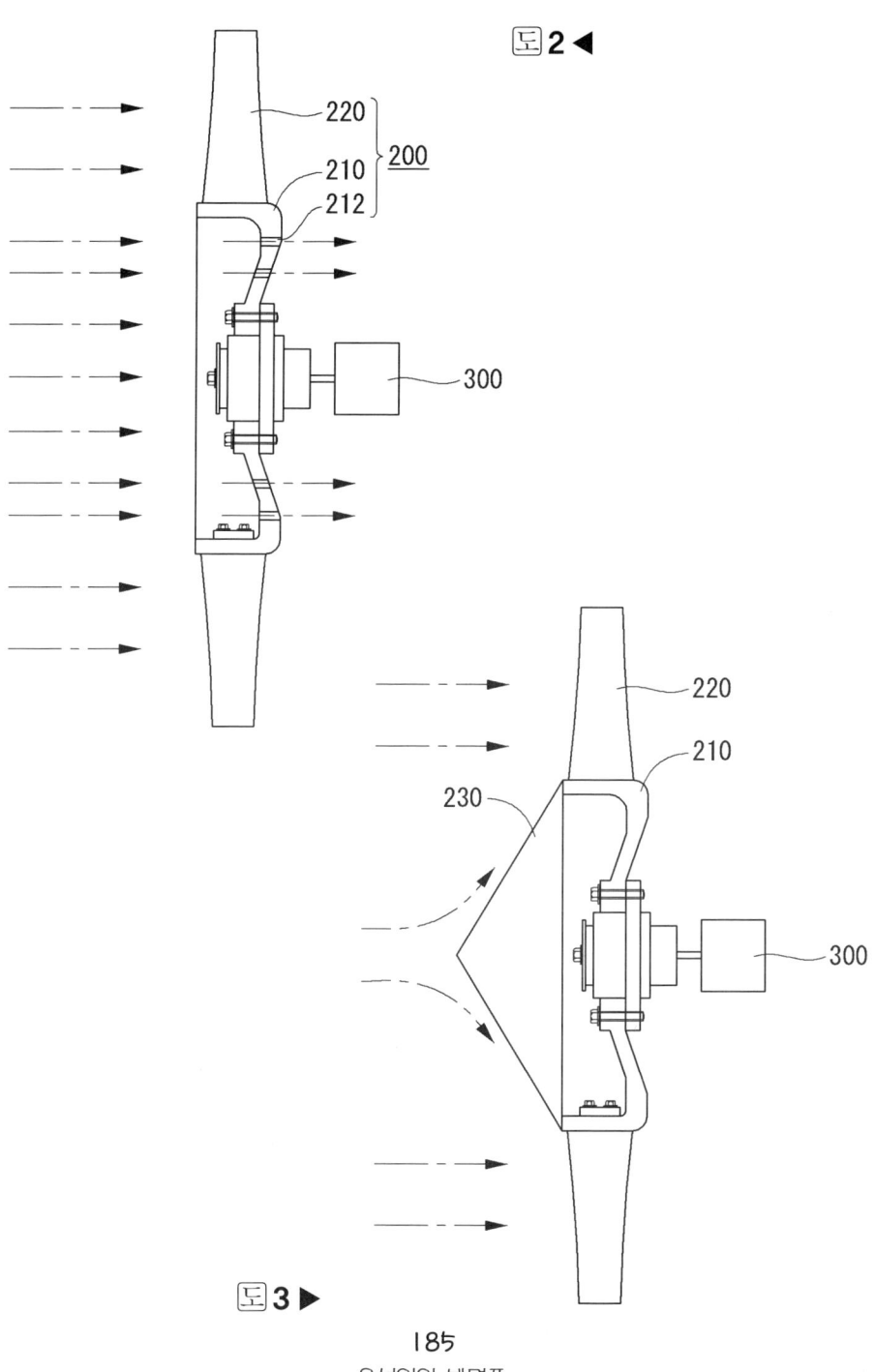

도2 ◀

220
210 } 200
212

300

230

220

210

300

도3 ▶

185
융석이의 발명품

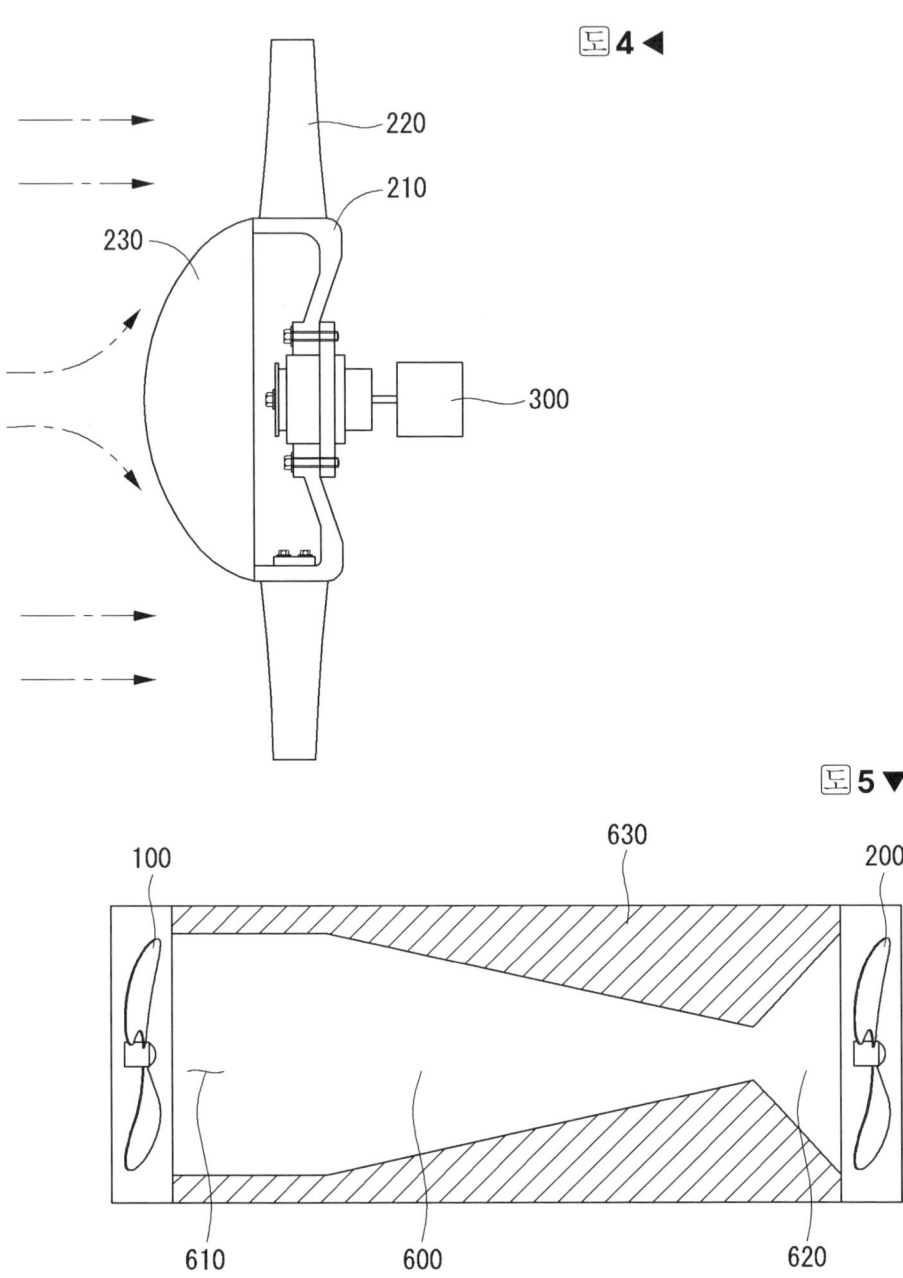

도4 ◀

220

210

230

300

도5 ▼

100

630

200

610

600

620

나부 용석이의 특허출원명세서를 보자

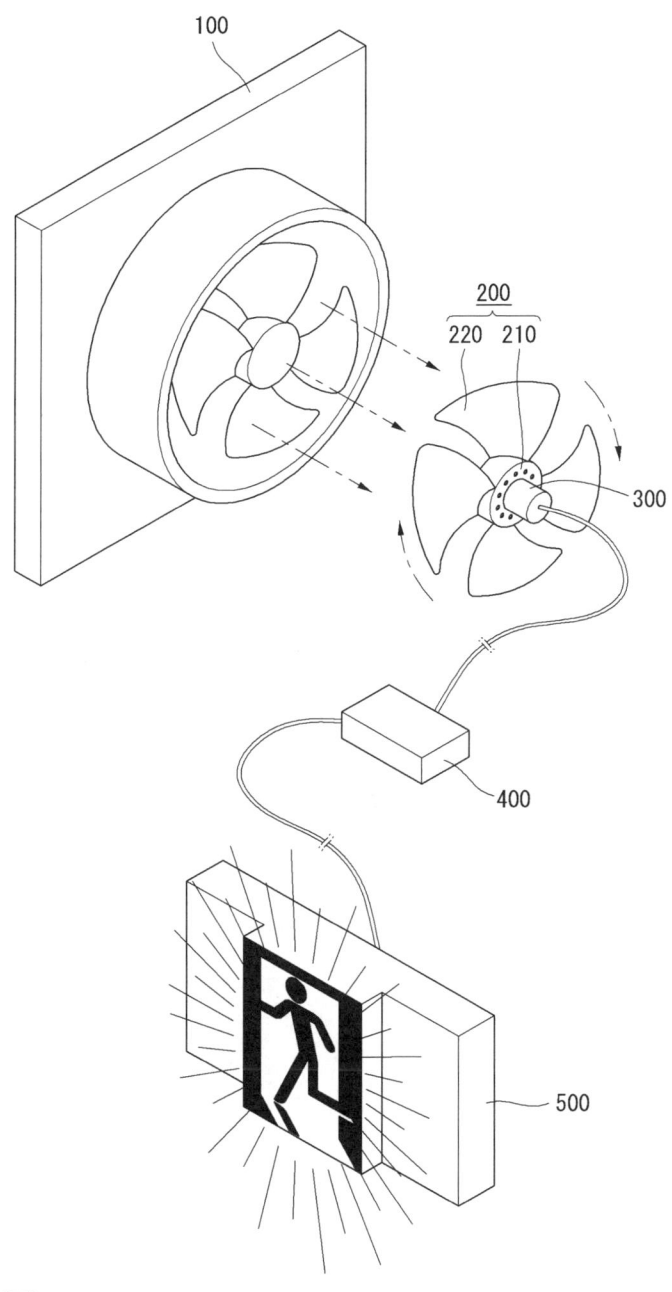

100

$\dfrac{200}{220 \quad 210}$

300

400

500

도6▲

용석이의 발명품

용석이의 발명품 둘

신축가능한 주름체에 의해 누전이 방지되는 케이블 릴

≪명세서≫

【발명의 명칭】

신축 가능한 주름체에 의해 누전이 방지되는 케이블 릴
(REEL FOR CABLE)

－특허등록 제10-1124966호

【기술 분야】

본 발명은 케이블 릴에 관한 것으로, 더욱 상세하게는 빗물 등이 콘센트에 유입되는 것을 방지하여 누전이나 작업자의 감전사고와 같은 안전사고의 발생을 예방할 수 있는 신축 가능한 주름체에 의해 누전이 방지되는 케이블 릴에 관한 것이다.

【배경기술】

케이블 릴이란 전기를 필요로 하는 작업 현장에 있어서, 작업자가 전기 작업을 하는 위치에 구애받지 않고 전원을 연결하여 작업할 수 있도록 케이블을 감아둘 수 있는 장비로서, 휴대하기에 적합한 크기로 된 것을 말한다.

이러한 케이블 릴은, 일정 길이의 케이블을 드럼에 감고 케이블 릴의 일단에 외부로부터 공급되는 전원이 연결되는 콘센트를 설치하여 케이블에 전원을 공급시킬 수 있도록 한 간단한 구조로서, 작업자가 드럼에 감겨있는 케이블을 풀어내어 임의 거리에 위치한 장소에 전원을 공급시킴에 따라 전기에 관련된 작업을 할 수 있도록 한다.

그런데, 종래의 케이블 릴은 콘센트가 외부로 노출되어 있어서 비가 오는 경우 콘센트에 빗물이 유입되거나 습기가 차게 되어 누전되거나 감전사고 등의 안전사고가 발생할 우려가 있었다.

【발명의 내용】

- 해결하려는 과제

본 발명은 전술한 바와 같은 종래의 케이블 릴에서 기인되는 제반 문제점을 해결 보완하기 위한 것으로,

본 발명의 목적은 빗물 등이 콘센트에 유입되는 것을 방지하여 누전이나 작업자의 감전사고와 같은 안전사고의 발생을 예방할 수 있는 신축 가능한 주름체에 의해 누전이 방지되는 케이블 릴을 제공하는 데 있다.

−과제의 해결 수단

전술한 과제를 달성하기 위한 본 발명에 따르면 신축 가능한 주름체에 의해 누전이 방지되는 케이블 릴에 있어서, 외주면을 따라 상호 떨어져 높낮이 조절이 가능한 다수의 돌기가 형성되고, 케이블이 감기는 드럼과; 드럼의 양측에 배치되고, 드럼의 직경보다 큰 직경으로 형성되는 측판과; 드럼과 측판을 바닥으로부터 떨어져 회동 가능하게 지지하며, 높낮이 조절이 가능한 몸체와; 측판에 형성되어 외부로부터 공급되는 전원을 케이블로 전달하는 콘센트와; 콘센트 주위를 감싸도록 측판에 장착되고, 드럼으로부터 멀어질수록 점차 직경이 커지는 주름체; 및 주름체의 말단 측에 힌지 결합되는 주름체 손잡이; 를 포함하는 신축 가능한 주름체에 의해 누전이 방지되는 케이블 릴을 제공한다.

주름체는 콘센트를 중심으로 회전가능하고, 드럼으로부터 멀어지는 방향으로 확장하는 경우 특정 방향을 향해 휘어지도록 구성될 수 있다.

주름체에는 말단 측 외주면을 따라 서로 떨어져 둘 이상의 배수홀이 형성되고, 배수홀은 주름체 내부의 유입구가 주름체 외부의 유출구보다 드럼에 더 멀게 형성되도록 구성될 수 있다.

배수홀은 주름체에 힌지 결합되는 덮개에 의해 개폐되고, 덮개는, 배수홀이 주름체의 상부에 위치하는 경우 자중에 의해 폐쇄되고, 배수홀이 주름체의 하부에 위치하는 경우 자중에 의해 개방되도록 구성될 수 있다.

【발명의 효과】

본 발명에 따른 신축 가능한 주름체에 의해 누전이 방지되는 케이블 릴에 의하면, 빗물 등이 콘센트에 유입되는 것을 방지하여 누전이나 작업자의 감전사고와 같은 안전사고의 발생을 예방할 수 있는 효과가 있다.

【도면의 간단한 설명】

도 1은 본 발명의 제1 실시예에 따른 신축 가능한 주름체에 의해 누전이 방지되는 케이블 릴의 개략적인 분해도이다.

도 2는 도 1에 도시된 신축 가능한 주름체에 의해 누전이 방지되는 케이블 릴의 결합도이다.

도 3은 본 발명의 제2 실시예에 따른 신축 가능한 주름체에 의해 누전이 방지되는 케이블 릴의 결합도이다.

도 4의 (a) 및 (b)는 본 발명의 제3 실시예에 따른 신축 가능한 주름체에 의해 누전이 방지되는 케이블 릴을 나타낸 측면도이다.

도 5는 본 발명의 제4 실시예에 따른 신축 가능한 주름체에 의해 누전이 방지되는 케이블 릴을 나타낸 도이다.

도 6은 본 발명의 제5 실시예에 따른 신축 가능한 주름체에 의해 누전이 방지되는 케이블 릴을 나타낸 도이다.

도 7은 본 발명의 제4 실시예에 따른 신축 가능한 주름체에 의해 누전이 방지되는 케이블 릴의 사용상태를 나타낸 사용상태도이다.

【발명을 실시하기 위한 구체적인 내용】

이하 도면을 참조하여 상세히 설명한다. 그러나 이들 도면은 예시적인 목적일 뿐, 본 발명이 이에 한정되는 것은 아니다.

도 1은 본 발명의 제1 실시예에 따른 신축 가능한 주름체에 의해 누전이 방지되는 케이블 릴의 개략적인 분해도이고, 도 2는 도 1에 도시된 신축 가능한 주름체에 의해 누전이 방지되는 케이블 릴의 결합도이다.

도 1 및 도 2를 참조하면, 본 발명의 제1 실시예에 따른 신축 가능한 주름체에 의해 누전이 방지되는 케이블 릴(10; 이하, "케이블 릴"이라 함)은 크게 드럼(100)과 측판(200), 몸체(300), 콘센트(400), 주름체(500) 및 주름체손잡이(600)를 포함하여 구성된다.

드럼(100)은 케이블(C), 예를 들어 전력케이블이나 통신 케이블 등이 감기게 되는 구성요소이다.

측판(200)은 드럼(100)의 양측에 배치되고, 드럼(100)의 직경보다 큰 직경으로 형성되어 드럼(100)에 감기는 케이블(C)이 드럼(100)으로부터 이탈하는 것을 방지하는 구성요소이다.

몸체(300)는 지면 등과 같은 바닥에 놓여, 드럼(100)과 측판(200)을 바닥으로부터 떨어져 회동 가능하게 지지하는 구성요소이다.

콘센트(400)는 측판(200)에 형성되어 외부로부터 공급되는 전원을 케이블(C)로 전달하는 구성요소이며, 외부에 배치되는 전원공급부(도시하지 않음)로부터 연결되는 플러그(도시하지 않음)가 하나 또는 둘 이상이 결합될 수 있다.

주름체(500)는 본 발명의 가장 핵심적인 구성요소로써 신축, 즉 확장 및 수축이 가능하게 형성되어 콘센트(400) 주위를 감싸도록 측판(200)에 장착된다.

주름체손잡이(600)는 주름체(500)의 말단 측에 힌지 결합되는 구성요소로써, 주름체(500)를 사용하기 위해 확장시키고자 하거나, 사용하고 있던 주름체(500)를 수축시킬 때 사용되게 된다.

도 3은 본 발명의 제2 실시예에 따른 신축 가능한 주름체에 의해 누전이 방지되는 케이블 릴의 결합도이다.

도 3에 도시된 본 발명의 제2 실시예에 따른 신축 가능한 주름체에 의해 누전이 방지되는 케이블 릴은 제1 실시예에 따른 케이블 릴과 유사하나, 드럼(100)과 몸체(300), 그리고 주름체(500)의 형상에서 차이가 있다.

즉, 제2 실시예에 따른 신축 가능한 주름체에 의해 누전이 방지되는 케이블 릴의 경우, 드럼(100) 외주면을 따라 드럼(100)에 감기는 케이블(C)이 엉키지 않도록 보조하는 다수의 돌기(110)가 상호 떨어지도록 형성된다.

돌기(110)는 다수의 단위체가 상호 겹쳐서 형성되어 단위체의 겹침 정도에 따라 높낮이를 조절할 수 있도록 구성되며,

웅석이의 발명품

이에 따라 케이블(C)이 드럼(100)에 감기는 정도에 따라 돌기 (110)의 높낮이를 조절할 수 있다.

한편, 제2 실시예에서 사용되는 몸체(300)는 상체(310)와 하체(320)로 나뉘어 이루어지고, 상체(310)의 일부가 하체 (320)에 삽입되도록 구성된다.

그리고 상체(310)의 하부 또는 하체(320)의 상부에는 상 호 떨어져 형성되는 다수의 높낮이조절공(322)이 형성되고, 이에 대응되는 하체(320)의 상부 또는 상체(310)의 하부에는 고정공(도시하지 않음)이 형성되며, 높낮이조절공(322) 중 어 느 하나와 고정공을 삽입 관통하는 높낮이조절부재(302), 예 를 들어 볼트와 너트를 통해 몸체(300)의 높낮이 조절이 가능 하게 구성된다.

그리고 제2 실시예에서 사용되는 주름체(500)는 드럼 (100)으로부터 멀어질수록 점차 직경이 커지게 구성된다. 이 에 따라, 작업자가 쉽게 플러그를 콘센트(400)에 장착하거나 분리할 수 있다.

도 4의 (a) 및 (b)는 본 발명의 제3 실시예에 따른 케이블 릴을 나타낸 측면도이다.

4부 옹석이의 특허출원명세서를 보자

도 4의 (a) 및 (b)에 도시된 바와 같이, 본 발명의 제3 실시예에 따른 케이블 릴(10)은 전술한 제2 실시예에 따른 케이블 릴(10)과 거의 유사하게 구성되나, 제2 실시예에서는 주름체(500)가 바닥면에 대해 대략 수평 하도록 확장되거나 수축되는 것에 비해, 본 발명의 제3 실시예에서는 주름체(500)가 확장, 즉 드럼(100)으로부터 멀어지는 방향으로 동작하는 경우 특정 방향, 예를 들어 드럼(100)으로부터 주름체(500) 방향으로 보았을 때 항상 오른쪽으로 휘어지도록 구성될 수 있다.

이때, 몸체(300)에 의해 바닥으로부터 회동 가능하게 지지되는 드럼(100)과 측판(200)은 드럼(100)에 감겨있는 케이블(C)이 얼마만큼 풀리는지 또는 감기는지에 따라 회전하게 되므로 주름체(500)의 확장 시 오른쪽으로 휘어진다 하더라도 실질적으로는 도 4의 (a)와 같이 상측을 향해 휘어지는 것으로 나타날 수도 있고, 좌측으로 휘어지는 것으로 나타날 수도 있다.

그리고, 본 발명의 제3 실시예에서 사용되는 주름체(500)는 콘센트(400)를 중심으로 회전 가능하도록 구성됨으로써 주름체(500)의 확장 시 어느 방향으로 휘어지더라도 주름체

용석이의 발명품

(500)의 확장 시 확장된 말단이 바닥 측을 향하도록 회전시키게 된다.

따라서 야외 등지에서 본 발명에 따른 케이블 릴(10)을 사용 시 비가 오더라도 주름체(500)를 확장시킨 후 회전시킴으로써 콘센트(400)에 빗물이 유입되는 것을 방지할 수 있게 된다.

도 5는 본 발명의 제4 실시예에 따른 케이블 릴을 나타낸 도이고, 도 6은 본 발명의 제5 실시예에 따른 케이블 릴을 나타낸 도이다.

먼저, 도 5를 살펴보면, 본 발명의 제4 실시예에 따른 케이블 릴(10)에서는 주름체(500)의 말단 일부에 배수홀(510)이 형성된다는 점에서 구분된다. 이때, 도 5의 확대도에서는 주름체(500)의 말단 대부분이 배수홀(510)인 것처럼 도시되어 있으나, 실질적으로는 도 7에서와 같이 주름체(500)의 말단 일부에 배수홀(510)이 형성되는 것이다.

배수홀(510)은 주름체(500)의 말단 측 외주면을 따라 서로 떨어져 둘 이상의 개수로 형성된다. 이때, 도시되지는 않았으나 배수홀(510)은 주름체(500) 내부에 형성되는 유입구가 주름체(500) 외부에 형성되는 유출구보다 드럼(100)에 더 먼 위치에 형성되도록 구성될 수 있다. 다시 말해서, 배수홀 (510)이 주름체(500)의 확장방향에 대해 대각선 방향으로 형성되도록 할 수 있는 것이다.

이와 같이 구성할 경우 야외 등지에서 본 발명에 따른 케이블 릴(10)을 사용하다가 비가 와서 주름체(500)를 확장시켰을 경우 주름체(500)의 상부에 위치하는 배수홀(510)의 유출구를 통해 빗물이 유입되더라도 빗물이 콘센트(400)가 위치한 방향 측으로 흘러내리는 것이 아니라 주름체(500)가 확장되는 방향으로 흘러내리게 되어 빗물이 콘센트(400)에 유입되는 것을 방지할 수 있다.

또한, 주름체(500)의 하부에 위치하는 배수홀(510) 또한 빗물이 지면과 같은 바닥에 떨어지거나 차량 등이 케이블 릴(10) 주위를 지나면서 빗물이 튀어 유출구에 유입되더라도 배수홀(510)의 형상에 의해 빗물이 콘센트(400)에 유입되는 것을 방지할 수 있는 것이다.

그리고 도 6에 나타나는 본 발명의 제5 실시예에 따른 케이블 릴(10)에서는 주름체(500)에 힌지 결합되는 덮개(520)에

의해 배수홀(510)이 개폐되도록 구성된다. 이때, 도 6의 확대
도에서도 주름체(500)의 말단 대부분이 배수홀(510)이고, 이
를 덮개(520)가 개폐하는 것처럼 도시되어 있으나, 실질적으
로는 도 7에서와 같이 주름체(500)의 말단 일부에 배수홀
(510)이 형성되고, 이를 덮개(520)가 개폐하게 된다.

이러한 덮개(520)는 배수홀(510)이 주름체(500)의 상부
에 위치하는 경우 자중, 즉 덮개(520) 자체의 무게에 의해 폐
쇄되므로 비가 오더라도 빗물이 배수홀(510)을 통해 유입되는
것을 방지하게 되고, 배수홀(510)이 주름체(500)의 하부에 위
치하는 경우 자중에 의해 개방되어 주름체(500) 내부에 유입
된 빗물 등을 배수시키게 된다.

이하에서는 이러한 구성에 따른 본 발명에 따른 케이블
릴을 첨부도면을 참조하여 상세히 설명한다.

도 7은 본 발명의 제4 실시예에 따른 케이블 릴의 사용
상태를 나타낸 사용상태도이다.

도 7을 참조하면, 야외에서 작업자가 전기에 관련된 작업
을 진행하기 위해 본 발명의 제1 실시예에 따른 케이블 릴(10)
을 사용하던 중 비가 오거나, 비가 오는 상태에서 전기에 관

련된 작업을 진행하고자 하는 경우 작업자는 주름체(500)에 힌지 결합되어 있는 주름체손잡이(600)를 손 등으로 잡기 쉽게 동작시킨 후 주름체손잡이(600)를 잡아당긴다.

주름체손잡이(600)가 잡아당겨지는 힘에 의해 수축된 상태로 측판(200)에 장착되어 있던 주름체(500)가 당겨지는 방향으로 확장되어 펼쳐지게 되며, 전원공급부로부터 연결된 플러그가 장착되는 내측의 콘센트(400)에 빗물이 유입되는 것을 방지하게 되며, 주름체(500)의 상부에 형성되어 있는 배수홀(510)이나 주름체손잡이(600)가 형성되어 있는 개구부를 통해 주름체(500)에 유입되는 빗물은 주름체(500)의 하부에 형성되어 있는 배수홀(510)을 통해 외부로 배수된다.

따라서 누전이 발생하거나 작업자가 감전되는 것과 같은 안전사고를 예방할 수 있는 것이다.

그리고 주름체(500)가 확장되더라도 주름체(500)의 직경이 드럼(100)으로부터 멀어질수록 점차 커지게 구성되므로 작업자가 쉽게 플러그를 콘센트(400)에 장착하거나 분리할 수 있다.

이때, 상황에 따라 몸체(300)의 높낮이조절공(322)과 고정공에 삽입되어 있는 높낮이조절부재(302)가 다른 높낮이조

절공(322)과 고정공에 삽입되도록 하여 몸체(300)의 높낮이
를 조절할 수 있다.

이와 같이, 본 발명이 속하는 기술 분야의 당업자는 본
발명이 그 기술적 사상이나 필수적 특징을 변경하지 않고서
다른 구체적인 형태로 실시될 수 있다는 것을 이해할 수 있을
것이다.

그러므로 이상에서 기술한 실시 예들은 모든 면에서 예시
적인 것이며 한정적인 것이 아닌 것으로서 이해해야만 하고,
본 발명의 범위는 상기 상세한 설명보다는 후술하는 특허청구
범위에 의하여 나타내어지며, 특허청구범위의 의미 및 범위
그리고 그 등가 개념으로부터 도출되는 모든 변경 또는 변형
된 형태가 본 발명의 범위에 포함되는 것으로 해석되어야 한
다.

【부호의 설명】

10: 케이블 릴   100: 드럼   110: 돌기   200: 측판

300: 몸체   302: 높낮이조절부재   310: 상체

320: 하체   322: 높낮이조절공   400: 콘센트

4부 옹석이의 특허출원명세서를 보자

500: 주름체   510: 배수홀   520: 덮개
600: 주름체손잡이   C: 케이블

【특허청구범위】
　-청구항 1

신축 가능한 주름체에 의해 누전이 방지되는 케이블 릴에 있어서,

외주면을 따라 상호 떨어져 높낮이 조절이 가능한 다수의 돌기가 형성되고, 케이블이 감기는 드럼과; 상기 드럼의 양측에 배치되고, 상기 드럼의 직경보다 큰 직경으로 형성되는 측판과;

상기 드럼과 상기 측판을 바닥으로부터 떨어져 회동 가능하게 지지하며, 높낮이 조절이 가능한 몸체와;

상기 측판에 형성되어 외부로부터 공급되는 전원을 상기 케이블로 전달하는 콘센트와; 상기 콘센트 주위를 감싸도록 상기 측판에 장착되고,

상기 드럼으로부터 멀어질수록 점차 직경이 커지는 주름체; 및 상기 주름체의 말단 측에 힌지 결합되는 주름체손잡

이; 를 포함하는 신축 가능한 주름체에 의해 누전이 방지되는 케이블 릴.

-청구항 2

제 1 항에 있어서,

상기 주름체는, 상기 콘센트를 중심으로 회전가능하고, 상기 드럼으로부터 멀어지는 방향으로 확장하는 경우 특정 방향을 향해 휘어지는 것을 특징으로 하는 신축 가능한 주름체에 의해 누전이 방지되는 케이블 릴.

-청구항 3

제 1 항 또는 제 2 항에 있어서,

상기 주름체에는, 말단측 외주면을 따라 서로 떨어져 둘 이상의 배수홀이 형성되고,

상기 배수홀은 상기 주름체 내부의 유입구가 상기 주름체 외부의 유출구보다 상기 드럼에 더 멀리 형성되는 것을 특징으로 하는 신축 가능한 주름체에 의해 누전이 방지되는 케이블 릴.

-청구항 4

제 3 항에 있어서,

상기 배수홀은 상기 주름체에 힌지결합되는 덮개에 의해 개폐되고, 상기 덮개는, 상기 배수홀이 상기 주름체의 상부에 위치하는 경우 자중에 의해 폐쇄되고,

상기 배수홀이 상기 주름체의 하부에 위치하는 경우 자중에 의해 개방되는 것을 특징으로 하는 신축 가능한 주름체에 의해 누전이 방지되는 케이블 릴.

≪요약서≫

【요약】

본 발명은 케이블 릴에 관한 것으로, 더욱 상세하게는 빗물 등이 콘센트에 유입되는 것을 방지하여 누전이나 작업자의 감전사고와 같은 안전사고의 발생을 예방할 수 있는 케이블 릴에 관한 것이다.

본 발명에 따르면 신축 가능한 주름체에 의해 누전이 방지되는 케이블 릴에 있어서, 외주면을 따라 상호 떨어져 높낮이 조절이 가능한 다수의 돌기가 형성되고, 케이블이 감기는 드럼과; 드럼의 양측에 배치되고, 드럼의 직경보다 큰 직경으로 형성되는 측판과; 드럼과 측판을 바닥으로부터 떨어져 회동 가능하게 지지하며, 높낮이 조절이 가능한 몸체와; 측판에 형성되어 외부로부터 공급되는 전원을 케이블로 전달하는 콘센트와; 콘센트 주위를 감싸도록 측판에 장착되고, 드럼으로부터 멀어질수록 점차 직경이 커지는 주름체; 및 주름체의 말단측에 힌지 결합되는 주름체손잡이; 를 포함하는 케이블 릴을 제공한다.

【대 표 도】

도1 ▼

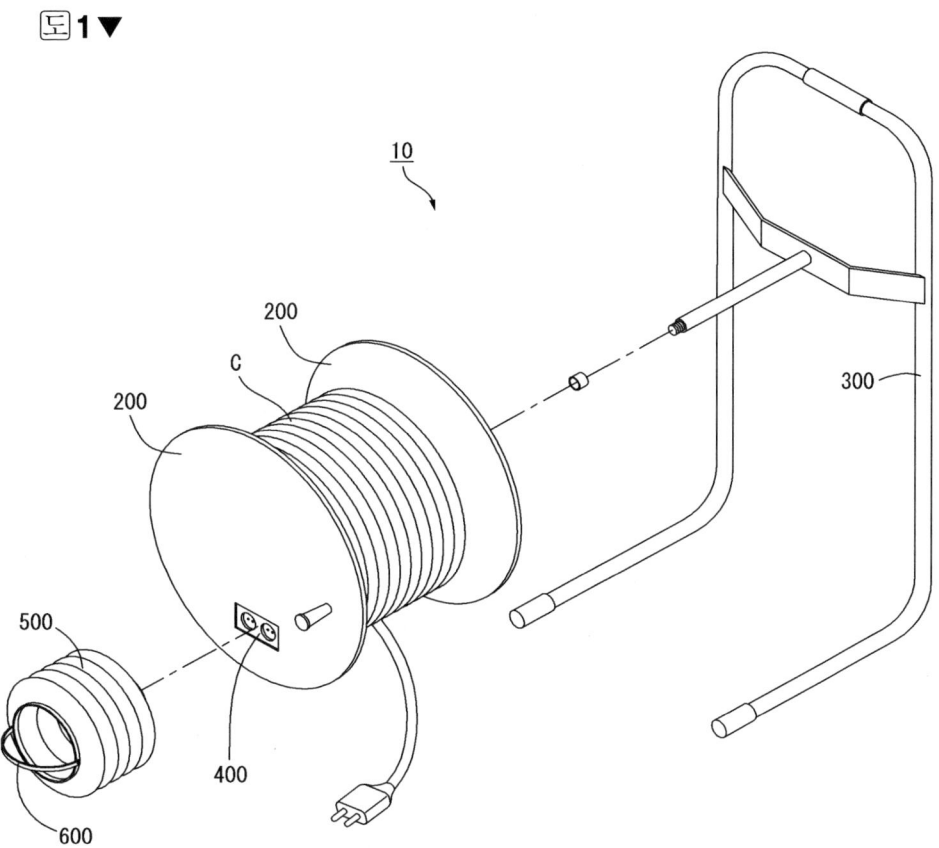

용석이의 발명품

図2 ▼

10

200

C

200

500

600

300

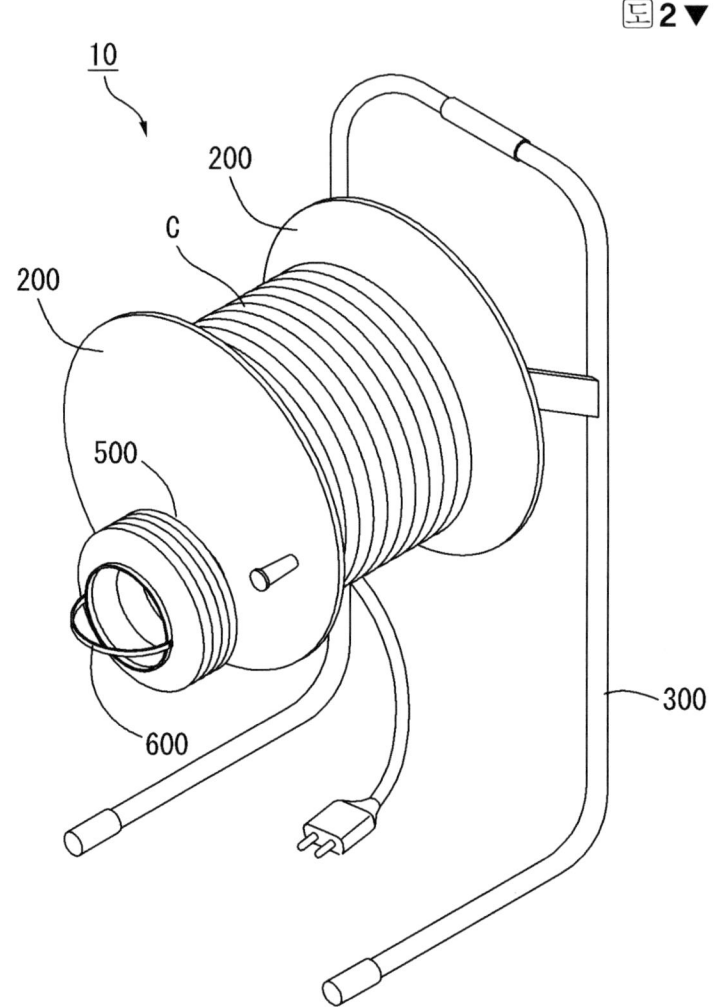

4부 용석이의 특허출원명세서를 보자

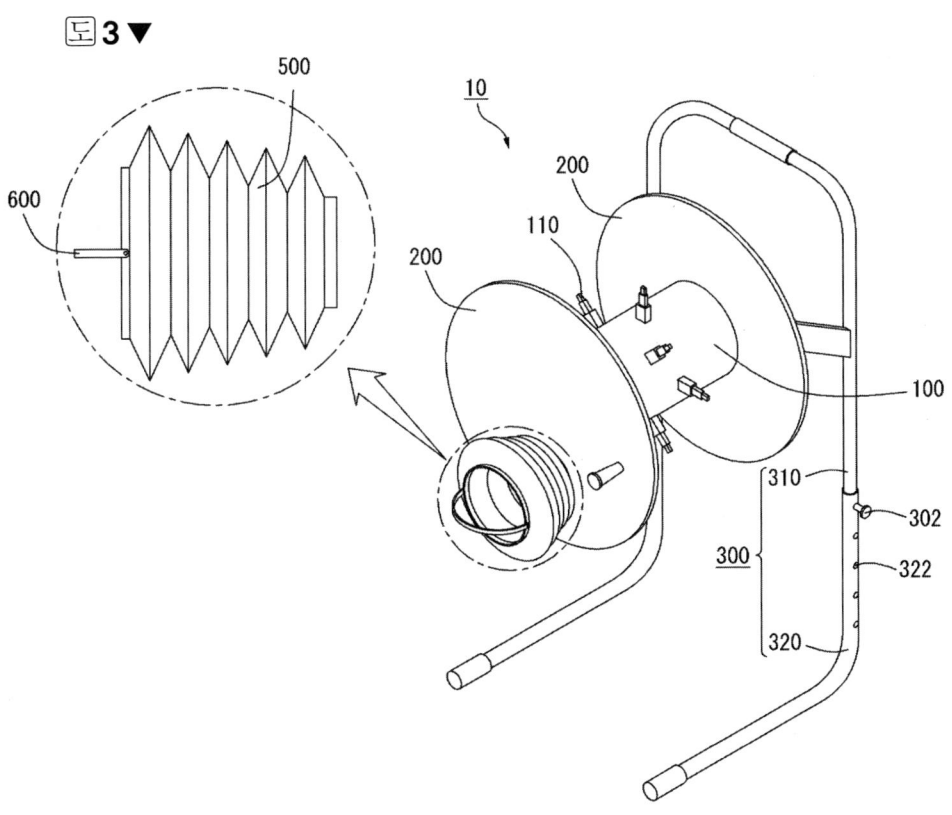

도3 ▼

500

600

10

200

110

200

100

310

302

300

322

320

図4 ▼

(a)

(b)

210

4부 용석이의 특허출원명세서를 보자

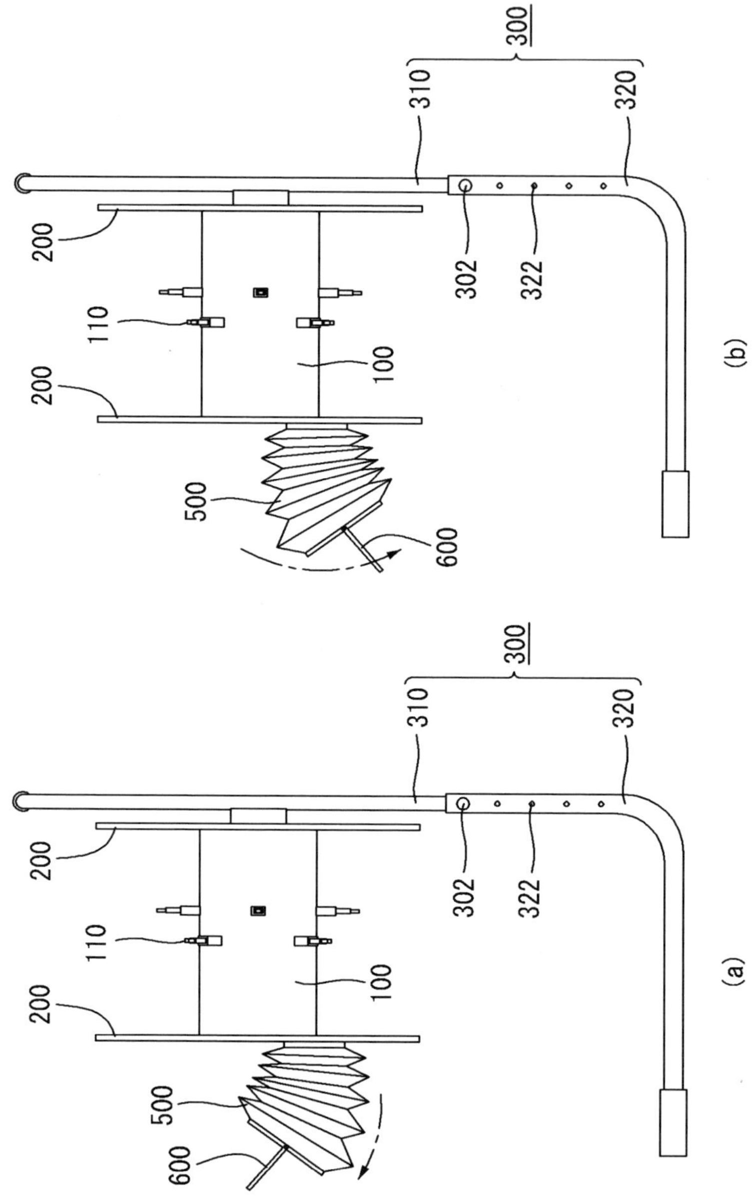

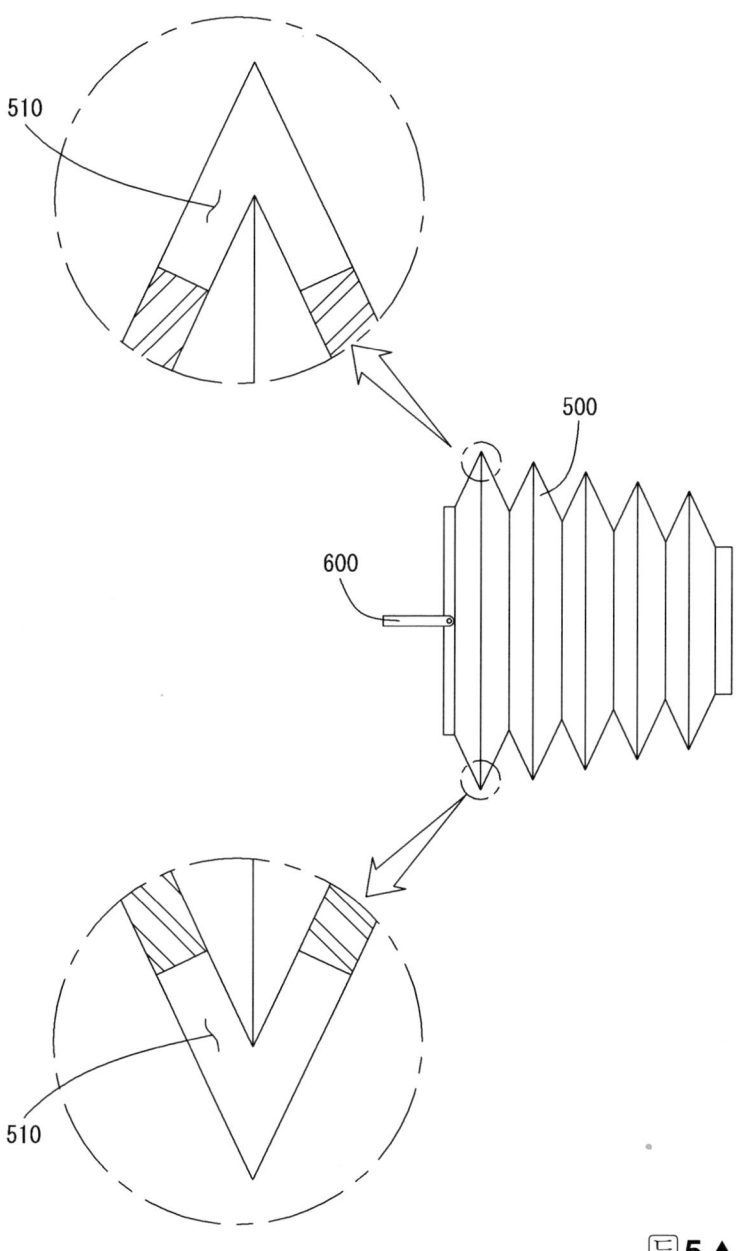

510

500

600

510

용석이의 발명품

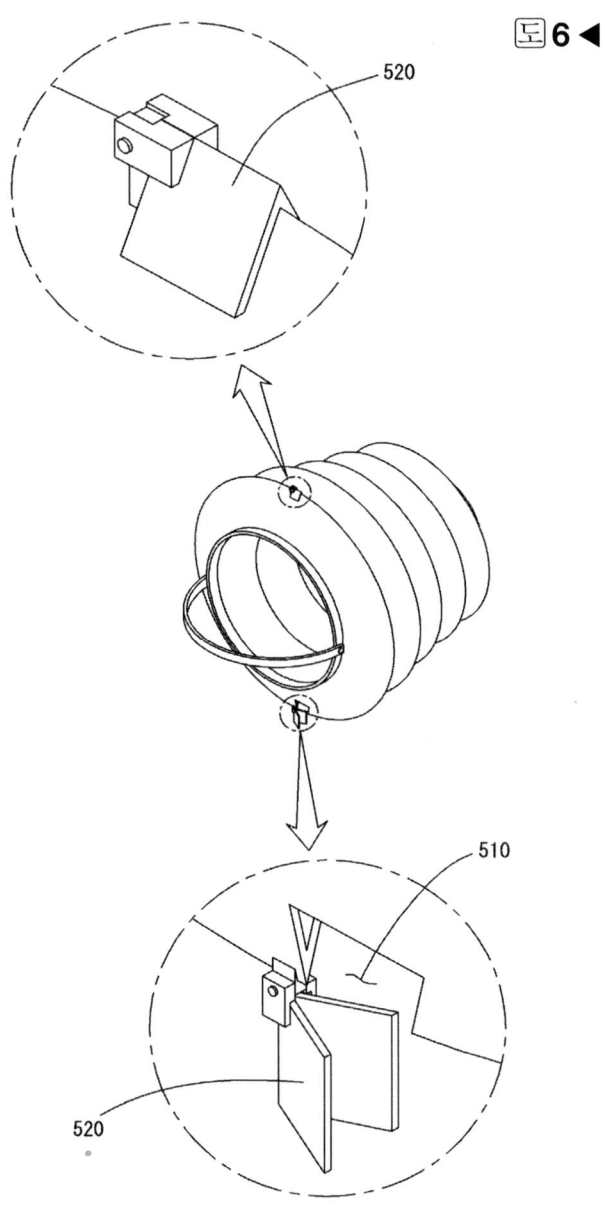

도6 ◀

520

510

520

212
4부 용석이의 특허출원명세서를 보자

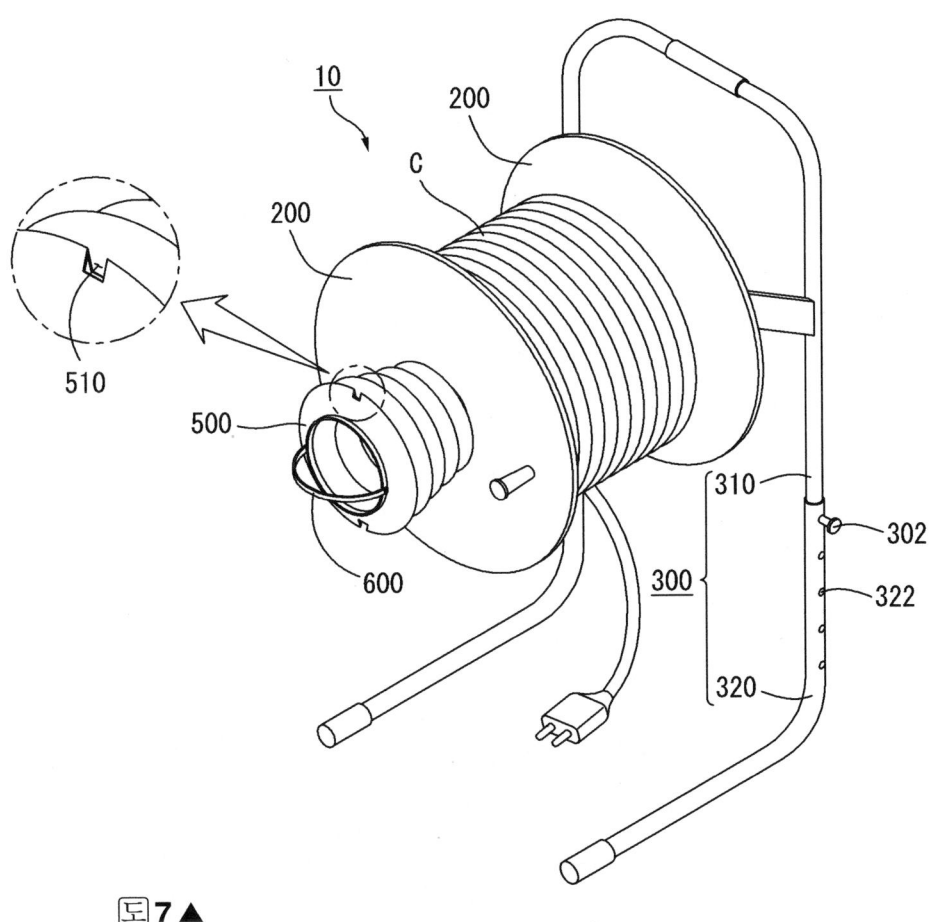

10
200
C
200
500
510
600
300
310
302
322
320

図7▲

213

용석이의 발명품 셋

휴대용 책꽂이

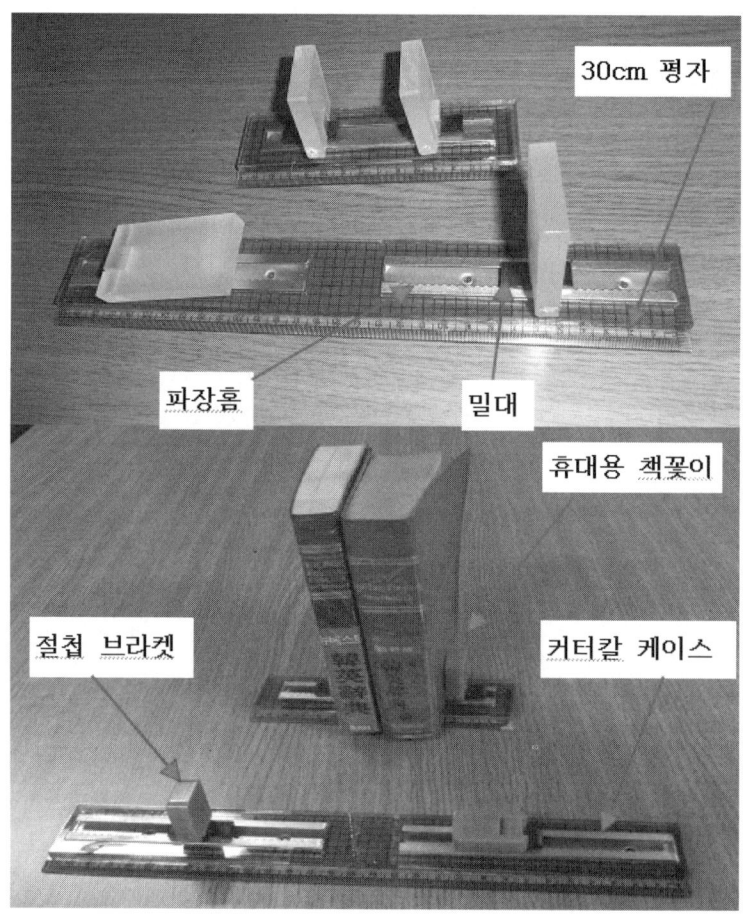

30cm 평자

파장홈

밀대

휴대용 책꽂이

절첩 브라켓

커터칼 케이스

4부 용석이의 특허출원명세서를 보자

≪명세서≫

【발명의 명칭】

　휴대용 책꽂이

　　　　-특허출원번호 제10-2012-0048082호

【기술 분야】

　본 발명은 휴대용 책꽂이에 관한 것으로, 더욱 상세하게
는 길이를 재는 자와 책을 세워서 수납하는 책꽂이를 겸용하
여 사용할 수 있고, 쉽게 부피를 축소시킬 수 있어 운반 및 보
관이 용이할 뿐만 아니라 책꽂이에 수납되는 책의 두께나 권
수에 따라 칸막이의 간격을 조절할 수 있는 휴대용 책꽂이에
관한 것이다.

【발명의 배경이 되는 기술】

　일반적으로 책꽂이에는 책을 종류별로 분류하여 꽂아 놓
거나, 꽂힌 책들이 세워져 보관될 수 있도록 칸막이가 채용되
어 있다.

그런데, 칸막이 사이의 수납공간보다 얇거나 적은 권수의 책이 수납될 경우 수납된 책이 쓰러져 책꽂이에서 떨어지기도 하는 문제점이 있었다.

또한, 통상 사용되는 책꽂이는 가정이나 사무실 등에서 사용되는 것과 같이 일정 형상으로 일체화된 상태로 형성되어 휴대하기 어려운 단점이 있었다.

【발명의 내용】

-해결하려는 과제

본 발명의 목적은 길이를 재는 자와 책을 세워서 수납하는 책꽂이를 겸용하여 사용할 수 있는 휴대용 책꽂이를 제공하는 데 있다.

본 발명의 다른 목적은 쉽게 부피를 축소시킬 수 있어 운반 및 보관이 용이한 휴대용 책꽂이를 제공하는 데 있다.

본 발명의 또 다른 목적은 책꽂이에 수납되는 책의 두께나 권수에 따라 칸막이의 간격을 조절할 수 있는 휴대용 책꽂이를 제공하는 데 있다.

-과제의 해결 수단

전술한 과제를 달성하기 위한 본 발명에 따르면 휴대용 책꽂이에 있어서, 길이를 잴 수 있도록 눈금이 표시되고, 길이방향을 따라 가이드홈이 형성된 몸체와; 가이드홈을 따라 슬라이드 이동 가능한 둘 이상의 슬라이드체; 및 슬라이드체에 연결되고, 몸체 측을 향해 눕혀지거나 몸체의 길이방향에 대해 수직방향 측으로 세워지도록 접힘 가능한 칸막이; 를 포함하는 휴대용 책꽂이를 제공한다.

가이드홈은, 길이방향을 따라 일측 또는 양측에 다수의 간격조절턱이 형성되어 파형을 이루도록 구성될 수 있다.

슬라이드체는 간격조절턱에 걸림 또는 걸림해제되는 걸림부; 및 칸막이가 회동 가능하게 연결되고, 칸막이가 일정 각도 이상 회동하는 것을 방지하는 회동방지부; 를 포함하도록 구성될 수 있다.

【발명의 효과】

본 발명에 따른 휴대용 책꽂이에 의하면, 길이를 재는 자와 책을 세워서 수납하는 책꽂이를 겸용하여 사용할 수 있는 효과가 있다.

또, 본 발명은 쉽게 부피를 축소시킬 수 있어 운반 및 보관이 용이한 효과가 있다.

또한, 본 발명은 책꽂이에 수납되는 책의 두께나 권수에 따라 칸막이의 간격을 조절할 수 있는 효과가 있다.

【도면의 간단한 설명】

도 1은 본 발명의 제1 실시예에 따른 휴대용 책꽂이의 분해도이다.

도 2는 도 1에 도시된 휴대용 책꽂이를 결합한 상태를 나타낸 결합도이다.

도 3은 본 발명의 제2 실시예에 따른 휴대용 책꽂이의 결합도이다.

도 4는 본 발명의 제3 실시예에 따른 휴대용 책꽂이의 결합도이다.

도 5 및 도 6은 본 발명의 제2 실시예에 따른 휴대용 책꽂이의 사용상태도이다.

【발명을 실시하기 위한 구체적인 내용】

이하 도면을 참조하여 상세히 설명한다. 그러나 이들 도면은 예시적인 목적일 뿐, 본 발명이 이에 한정되는 것은 아니다.

도 1은 본 발명의 제1 실시예에 따른 휴대용 책꽂이의 분해도이고, 도 2는 도 1에 도시된 휴대용 책꽂이를 결합한 상태를 나타낸 결합도이다.

도 1 및 도 2를 참조하면, 본 발명의 제1 실시예에 따른 휴대용 책꽂이는 크게 몸체(100)와 슬라이드체(200) 및 칸막이(300)를 포함하여 구성된다.

몸체(100)는 판 형상으로 제작되어 길이를 잴 수 있도록 눈금이 표시되고, 중앙 측에 길이방향을 따라 가이드홈(110)이 형성되어 있는 구성요소이다. 여기서, 눈금 외에 숫자가 더 표시될 수도 있다. 한편, 몸체(100)는 전체 또는 눈금이 형성되는 부분이 투명 또는 반투명한 재질로 이루어져 길이를 잴 때 눈금을 쉽게 확인할 수 있도록 하는 것이 좋다.

가이드홈(110)은, 길이방향을 따라 일측 또는 양측에 다수의 간격조절턱(112)이 형성되어 파형을 이루도록 구성되는데, 본 발명에서는 일측이 파형을 이루도록 구성된다. 그리고 가이드홈(110)은 상단, 즉 입구측이 하단, 즉 바닥측보다 더 좁게 형성된다. 이는 하기에 서술하는 슬라이드체(200)가 용

용석이의 발명품

이하게 끼워져 동작될 수 있도록 하기 위함이다.

슬라이드체(200)는 둘 이상이 몸체(100), 특히 가이드홈(110)에 장착되는 구성요소로써, 양측에 형성되는 슬라이드홈(202)이 가이드홈(110)의 상단에 끼워진다. 이에 따라, 슬라이드체(200)가 가이드홈(110)으로부터 이탈하지 않으면서 가이드홈(110)을 따라 슬라이드 이동 가능하게 된다.

이러한 슬라이드체(200)는 걸림부(210)와 회동방지부(220)를 포함하여 이루어진다.

걸림부(210)는 슬라이드홈(202) 내에 마련되어 간격조절턱(112)에 걸림 또는 걸림해제될 수 있도록 돌출 형성되는 부분으로, 탄성을 갖는 것이 바람직하다. 걸림부(210)는 가이드홈(110)의 일측, 특히 파형을 이루는 부분을 향해 돌출되며, 만약 가이드홈(110)의 양측이 파형을 이룰 경우 걸림부(210) 또한 양측을 향해 돌출되도록 구성된다.

회동방지부(220)는 하기에 서술하는 칸막이(300)가 연결되는 부분으로 대략 "ㄴ"자 형상을 갖도록 형성된다. 이러한 회동방지부(220)의 형상에 의해 칸막이(300)가 일정 각도 이상 회동되는 것을 방지하게 된다. 이에 대한 설명은 하기에서 상세히 서술하기로 한다.

회전축봉(230)은 슬라이드체(200), 특히 회동방지부(220)와 칸막이(300)가 회동 가능하도록 연결하는 부분이다. 여기서, 회전축봉(230) 외에 칸막이(300)가 회동 가능한 다른 구성, 예를 들어 회동방지부(220)의 양측에 돌출되는 연결돌기(도시하지 않음)를 두고, 칸막이(300)가 이러한 연결돌기에 장착되어 회동 가능하게 구성될 수도 있다.

칸막이(300)는 합성수지나 금속 등 다양한 재질로 이루어질 수 있으며, 슬라이드체(200)와 일대일로 대응되어 연결, 즉 회전축봉(230)에 의해 연결되는 구성요소이다. 칸막이(300)의 일측에는 전술한 회동방지부(220)가 삽입될 수 있도록 방지부삽입홈(310)이 형성된다.

칸막이(300)는 본 발명을 이용하여 책(도 6의 B)을 세워서 수납하고자 할 때 사용되고, 길이를 재고자 할 때에는 사용되지 않는다. 즉, 길이를 잴 때에는 칸막이(300)를 몸체(100)측을 향해 눕혀지도록 회동시켜 사용하고, 책(도 6의 B)을 세워서 수납하고자 할 때에는 몸체(100)의 길이방향에 대해 수직방향 측으로 세워지도록 회동시켜 사용하게 된다. 여기서, 칸막이(300)를 몸체(100)측을 향해 눕혀지도록 할 경우 칸막이(300)가 슬라이드체(200)에 접하게 되어 칸막이(300)

웅석이의 발명품

가 몸체(100)에 대해 평행하게 배치되지 않게 된다. 이에, 칸막이(300)를 몸체(100)측을 향해 눕혀지도록 했을 때 슬라이드체(200)에 접하는 부분에 슬라이드체(200)가 삽입될 수 있는 별도의 홈을 두어 칸막이(300)가 몸체(100)에 대해 평행하게 배치되도록 할 수 있다.

한편, 칸막이(300)는 책(도 6의 B)을 수납한 상태에서 책(도 6의 B)을 지지해야 하므로, 몸체(100)측을 향해 누워있던 칸막이(300)를 몸체(100)의 길이방향에 대해 수직방향 측으로 세운 다음에는 더 이상 몸체(100)의 바깥쪽을 향해 회동되지 않아야 한다.

이에, 본 발명에서는 방지부삽입홈(310)이 대략 "ㄴ"자 형상을 갖는 회동방지부(220)에 형상맞춤되어 형성되고, 이러한 방지부삽입홈(310)에 회동방지부(220)가 삽입됨으로써 세워진 칸막이(300)가 더 이상 회동하지 않도록 하게 된다. 다시 말해서, 칸막이(300)가 세워진 상태에서는 칸막이(300)가 회동방지부(220)에 걸림 되도록 구성되어 더 이상의 회동이 방지되는 것이다.

도 3은 본 발명의 제2 실시예에 따른 휴대용 책꽂이의 결합도이다.

　도 3에 나타나는 본 발명의 제2 실시예에 따른 휴대용 책꽂이는 전술한 제1 실시예에 따른 휴대용 책꽂이와 거의 유사하게 구성되나, 가이드홈(110)이 서로 떨어져있는 한 쌍으로 형성된다는 점에서 차이가 있다.

　즉, 몸체(100)의 길이나 휴대용 책꽂이의 사용환경 등에 따라 다양한 형상으로 휴대용 책꽂이를 제작할 수 있으며, 가이드홈(110)과 가이드홈(110)에 장착되는 슬라이드체(200) 또한 한 쌍 또는 그 이상의 개수로 마련하여 더 많은 책(도 6의 B)을 세워서 수납할 수 있게 된다.

　도 4는 본 발명의 제3 실시예에 따른 휴대용 책꽂이의 결합도이다.

　도 4와 같이, 본 발명의 제3 실시예에 따른 휴대용 책꽂이 또한 전술한 제1 실시예와 거의 유사하게 구성되나, 가이드홈(110)이 몸체(100)에 형성되는 것이 아니라, 몸체(100)에 부착되는 가이드홈구조물(102)에 형성된다는 점에서 구분된다.

　즉, 본 발명에 따른 휴대용 책꽂이는 제작환경이나 제조

비용 등에 따라 가이드홈(110)을 몸체(100)에 직접 형성할 수도 있고, 별도의 가이드홈구조물(102)에 형성하여 구성할 수도 있다.

이하에서는 이러한 구성에 따른 본 발명의 제2 실시예에 따른 휴대용 책꽂이를 첨부도면을 참조하여 상세히 설명한다. 이때, 본 발명의 제1 및 제3 실시예의 경우 제2 실시예와 유사하게 구성 및 동작되므로, 여기에서는 제1 및 제3 실시예에 대한 설명은 생략하기로 한다.

도 5 및 도 6은 본 발명의 제2 실시예에 따른 휴대용 책꽂이의 사용상태도이다.

먼저, 도 5를 살펴보면, 본 발명의 제2 실시예에 따른 휴대용 책꽂이를 이용하여 길이를 재는 자의 기능을 수행하거나 운반 또는 보관 시의 상태가 도시되어 있다.

즉, 길이를 재거나 운반, 또는 보관 시에는 칸막이(300)를 사용하지 않으므로 칸막이(300)를 몸체(100)측을 향해, 즉 몸체(100) 중심부를 향하도록 눕혀지도록 회동시킨다.

이와 같이 칸막이(300)를 회동시켜 눕힘으로써 부피를 축소시킬 수 있어 운반 또는 보관이 용이해지며, 길이를 잴 때에도 방해받지 않고 손쉽게 길이를 잴 수 있게 된다.

다음, 도 6에서는 본 발명의 제2 실시예에 따른 휴대용 책꽂이를 이용하여 책(B)을 세워서 수납하는 상태가 도시되어 있다.

책(B)을 수납하고자 할 때에는 칸막이(300)를 사용하게 된다. 따라서 도 5와 같이 몸체(100)측을 향해 눕혀져 있던 칸막이(300)를 몸체(100)의 길이방향에 대해 수직방향 측으로 회동시켜 세운다.

이와 같이 세워진 칸막이(300)는 회동방지부(220)에 의해 더 이상 몸체(100)의 바깥쪽을 향해 회동되지 않으므로 칸막이(300) 사이에 책(B)을 수납했을 때 충분히 책(B)을 지지할 수 있게 된다.

또한, 수납되는 책(B)의 두께나 권수에 따라 칸막이(300)가 서로 가까워지도록 하거나 멀어지도록 조절할 수 있다. 즉, 사용자가 칸막이(300)를 손 등으로 잡고 잡아당기거나 밀게 되면 칸막이(300)에 연결된 상태로 가이드홈(110)에 장착되어 있는 슬라이드체(200)가 이동하게 된다.

이때, 슬라이드체(200)는 파형을 이루고 있는 가이드홈(110)의 간격조절턱(112)에 걸림 또는 걸림해제 되면서 이동

한다.

따라서 칸막이(300) 사이에 수납되는 책(B)의 두께나 권수에 맞추어 칸막이(300)의 간격을 조절함으로써 책(B)이 쓰러지는 것을 방지할 수 있으며, 조절된 간격을 유지할 수 있는 것이다.

한편, 도시되지는 않았으나, 본 발명에서 사용되는 칸막이(300)는 세워져 수납되는 책(B)의 높이에 따라 높이 조절이 가능하도록, 예를 들어 안테나, 낚싯대 등과 같이 복수의 단위체가 상호 겹쳐서 형성되어 단위체의 겹침 정도에 따라 길이 조정이 가능하도록 구성될 수도 있다.

이와 같이, 본 발명이 속하는 기술 분야의 당업자는 본 발명이 그 기술적 사상이나 필수적 특징을 변경하지 않고서 다른 구체적인 형태로 실시될 수 있다는 것을 이해할 수 있을 것이다.

그러므로 이상에서 기술한 실시 예들은 모든 면에서 예시적인 것이며 한정적인 것이 아닌 것으로서 이해해야만 하고, 본 발명의 범위는 상기 상세한 설명보다는 후술하는 특허청구범위에 의하여 나타내어지며, 특허청구범위의 의미 및 범위,

그리고 그 등가 개념으로부터 도출되는 모든 변경 또는 변형된 형태가 본 발명의 범위에 포함되는 것으로 해석되어야 한다.

【부호의 설명】

100: 몸체	102: 가이드홈구조물	110: 가이드홈
112: 간격조절턱	200: 슬라이드체	202: 슬라이드홈
210: 걸림부	220: 회동방지부	230: 회전축봉
300: 칸막이	310: 방지부삽입홈	B: 책

【특허청구범위】

−청구항 1

휴대용 책꽂이에 있어서,

길이를 잴 수 있도록 눈금이 표시되고, 길이방향을 따라 가이드홈이 형성된 몸체와 상기 가이드홈을 따라 슬라이드 이동 가능한 둘 이상의 슬라이드체 및 상기 슬라이드체에 연결되고, 상기 몸체 측을 향해 눕혀지거나 상기 몸체의 길이방향에 대해 수직방향 측으로 세워지도록 회동 가능한 칸막이를 포함하는 휴대용 책꽂이.

용석이의 발명품

-청구항 2

제 1 항에 있어서,

상기 가이드홈은, 길이방향을 따라 일측 또는 양측에 다수의 간격조절턱이 형성되어 파형을 이루는 것을 특징으로 하는 휴대용 책꽂이.

-청구항 3

제 2 항에 있어서,

상기 슬라이드체는, 상기 간격조절턱에 걸림 또는 걸림해제 되는 걸림부 및 상기 칸막이가 회동 가능하게 연결되고, 상기 칸막이가 일정 각도 이상 회동하는 것을 방지하는 회동방지부를 포함하는 것을 특징으로 하는 휴대용 책꽂이.

≪요약서≫

【요 약】

　본 발명은 휴대용 책꽂이에 관한 것으로, 더욱 상세하게는 길이를 재는 자와 책을 세워서 수납하는 책꽂이를 겸용하여 사용할 수 있고, 쉽게 부피를 축소시킬 수 있어 운반 및 보관이 용이할 뿐만 아니라 책꽂이에 수납되는 책의 두께나 권수에 따라 칸막이의 간격을 조절할 수 있는 휴대용 책꽂이에 관한 것이다.

　본 발명에 따르면 휴대용 책꽂이에 있어서, 길이를 잴 수 있도록 눈금이 표시되고, 길이방향을 따라 가이드홈이 형성된 몸체와; 가이드홈을 따라 슬라이드 이동 가능한 둘 이상의 슬라이드체; 및 슬라이드체에 연결되고, 몸체 측을 향해 눕혀지거나 몸체의 길이방향에 대해 수직방향 측으로 세워지도록 접힘 가능한 칸막이; 를 포함하는 휴대용 책꽂이를 제공한다.

【대 표 도】

1▼

230

300

300

230

200

310

220
210   200
                       202

110
112

100

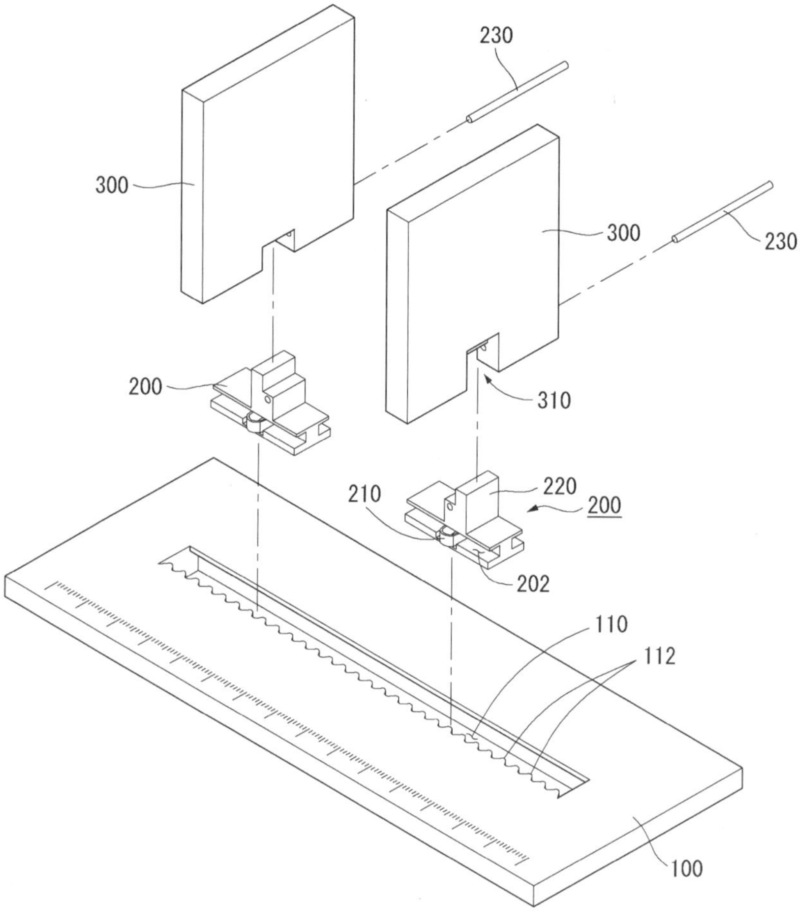

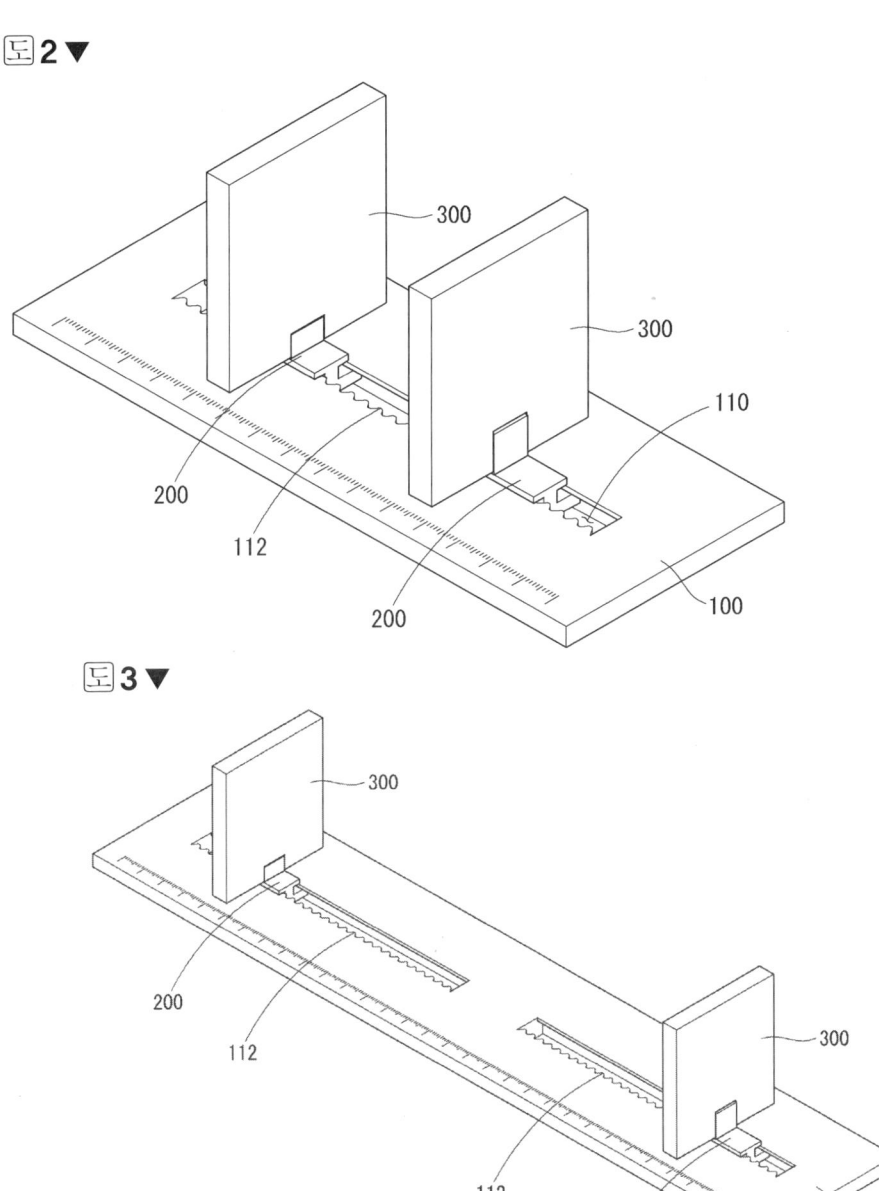

도 2 ▼

300

300

110

200

112

200

100

도 3 ▼

300

200

112

300

112

200

100

용석이의 발명품

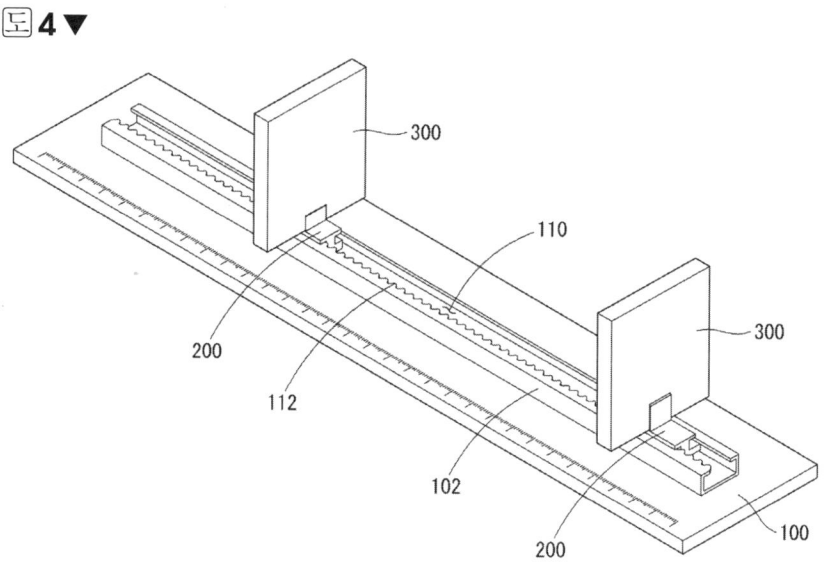

도 4 ▼

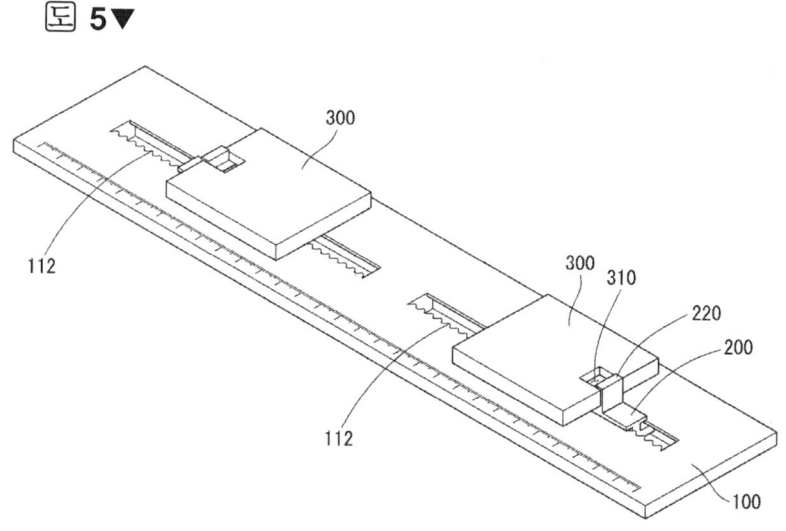

도 5 ▼

4부 용석이의 특허출원명세서를 보자

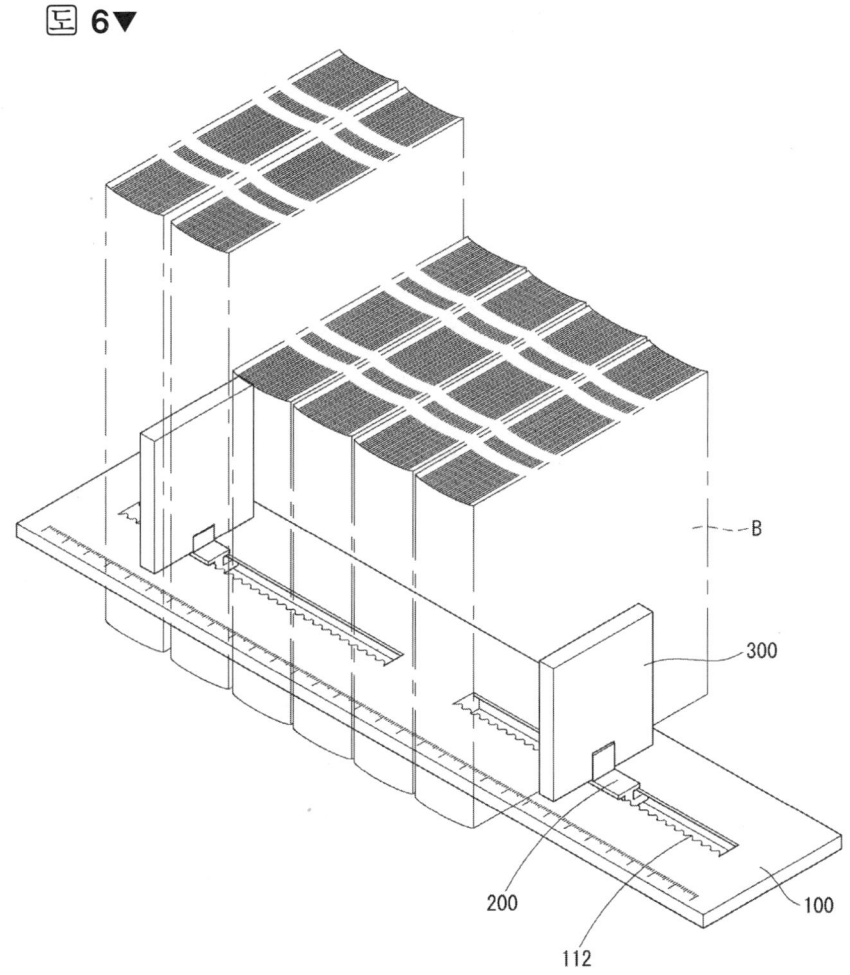

233
용석이의 발명품

부록

세계적 발명가 최용석
5관왕을 품다

청소년 발명가 최용석
세계를 품다

IYIE 2012
대만국제청소년발명박람회에 다녀와서

대만국제청소년발명박람회(IYIE)가 대만 타이난팔이스트대학교(台灣台南遠東科技大學)에서 2012년 2월 11일 개최됐다.

세계발명지혜재산권연맹총회(WIIPA)가 주최하고 대만 교육부와 외교부 타이난시 등이 후원한 이번 대회는 세계 각국 학생들의 창의력과 혁신정신을 함양시키기 위해 개최 된 발명대회이다.

고3을 바라보고 있는 나로서 학업에 더 정진해야 할 방학 시기에 5일간의 대만국제발명박람회에 직접 참여한다는 것이 쉬운 결정은 아니었지만, 하고자 하는 마음과 열정, 진로에 대한 확신이 있는 지금이 아니면 후회 할 것 같았기에 부모님을 설득하여 참여하게 되었다.

다른 나라 발명가들과의 교류도 큰 설렘이었지만 아시아
창의학생발명가협회 창립총회(ACSIA)가 열려 회원의 한 사람
으로서 큰 자부심을 가지며 행사에 참가하였다.

정해진 개인부스에 내 작품과 자료를 열심히 설치하며 좋
은 평가를 기다렸고, 미리 만들어간 명함과 한국의 기념품도
교환하며 나와 우리나라를 소개했다.

이번 대회를 주최한 팔이스트대학교 王元仁 교장은 "각
국 참가자들의 대만 고대도시 타이난 방문을 진심으로 환영한
다."며 "세계청소년학생발명가들의 마인드가 함께 모여 국
제교류를 함으로써 서로의 아이디어 정보교류를 할 수 있는
대회를 개최하게 되어 너무나 영광이며 이번 대회는 지식의
대잔치가 됐다"고 말했다

팔이스트대학교 혁신창의력센터의 챈유강 원장은 "세계 각국 청소년들의 창의성 발명을 향한 희망과 열정에 도움을 주고 학생들이 주위 환경의 불편함과 해법 발명을 통해 해결책을 찾아 '누구나 발명을 할 수 있다'라는 메시지를 전달하고 발명에 더 많은 관심을 갖도록 하기위해 이번 대회를 개최하게 됐다"고 밝혔다.

이어 "방문객들은 각국의 부스를 세밀하게 둘러보고 이번 참가자들의 창의력은 성인의 창의성보다 흥미롭고 놀라웠다는 반응을 보였다"고 덧붙였다.

이번 대회에는 한국을 비롯해 대만, 호주, 캐나다, 태국, 말레이시아, 필리핀, 인도네시아, 중국, 홍콩, 베트남 등 아시아권 11개국이 참가했으며 그 가운데 한국은 34점을 출품했다. 나는 영어로 심사위원께 발명품을 소개하고 시연을 해 보이기도 하였는데, 영어 실력이 조금 부족하였지만 나의 아이디어 평가는 금상과 특별상을 수상하는 실적을 올렸다.

개막식 날 치러진 문화친선교류의 밤에서 한국을 대표해 참가한 학생발명단의 아리랑 탈춤 팀의 멤버로 K팝의 열풍에 힘입어 세계의 학생발명가들로부터 큰 인기를 독차지했다고 자랑하고 싶다.

우수한 수상 실적을 거둔 것보다 더 가슴 뭉클했던 것은 세계 각국의 학생 발명가들을 만나 서로를 알리고 그들의 아이디어를 함께 공유할 수 있었다는 것이다. 날이 갈수록 급변하는 사회에서 백점이 아닌, 특화된 분야에서 창의적 창출을 하며 즐거운 일을 할 수 있다는 것은 정말 가슴 벅찬 일이다.

세계발명지혜재산권연맹총회 씨에 신밍 회장님의 말씀이 아직도 잊혀 지지 않는다.

"실패를 두려워하지 마라. 꿈을 이룰 실패의 기회를 가져라."

어떤 실패에도 포기하지 않고 실패를 기회로 생각하라는 말씀을 들으며 자신을 많이 돌아보는 계기가 되었다.

오랫동안 발명은 역사를 바꾸어왔다. 그렇기 때문에 발명은 오늘날 사회의 과제를 해결하고 미래를 더 희망차게 바꿀 수 있을 것이다.

이번 대회에 참가해 각국 나라의 학생 발명가들과 즐겁고 의미 있는 교류의 시간을 가지면서 국제적인 발명행사에 좀 더 많은 학생 발명가들이 참가하면 좋겠다는 바람을 가졌다.

2012 IYIE 대만국제청소년발명박람회에서

240

아시아창의학생발명가협회 회원들과

241

용석이의 프로필

 용석이의 과학발명부문 수상실적

2011.   과학창안품대회 최우수상 수상

2011.   대한민국 녹색성장발명영재대회(발명글짓기&발명
아이디어부문) 금상 수상

CIGIF2011   한국사이버국제발명천재대회 대상 수상

CIGIF2011   한국사이버국제발명천재대회 금상, 은상 수상

INST2011   대만국제발명전시회 은상 수상

INST2011   대만국제발명전시회 WIIPA 특별상 수상

IWIS2011   폴란드국제발명전시회 금상, 은상 수상

IWIS2011   폴란드국제발명전시회 상트페테르부르크 발명협
회장 특별상 수상

INOVA2011   제36회 이노바국제발명전시회 동상 수상

INOVA2011   제36회 이노바국제발명전시회 이란발명협회장 특
별상 수상

EURO INVENT2012.   루마니아유럽창의력혁신전시회 금상 수상

EURO INVENT2012.   루마니아유럽창의력혁신전시회 UNIMAP
특별상 수상

2012.	제6회 편의시설문화예술대회 발명아이디어부문 특별상 수상
2012	IYIE 대만국제청소년발명박람회 금상 수상
2012	IYIE 대만국제청소년발명박람회 말레이시아 펄리스 유니맵대학총장 특별상 수상
2012.	아시아창의학생발명가협회 회원
2012.	대한민국인재연합회 공로상 수상
2012.	성남시 학생과학발명품경진대회 최우수상 수상
2012.	경기도 학생과학발명품경진대회 우수상 수상
2012.	특허청 청소년 발명기자 우수기사상 수상
2012.	경기도 고등학교 특별장학생 선발 (과학부문–경기도 교육감)
2012.	대한민국학생발명전시회 (본선)
2012.	대한민국청소년발명아이디어경진대회 (본선)

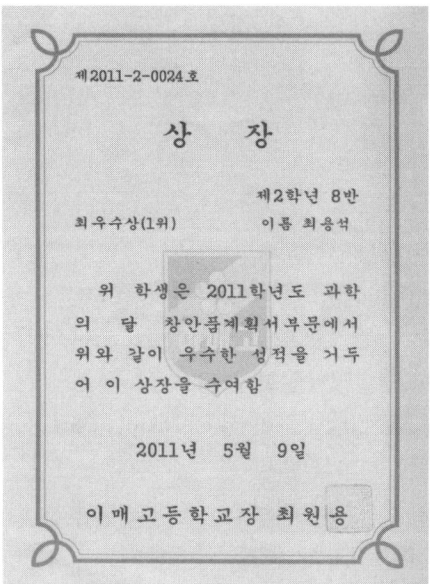

제2011-2-0024호

상 장

제2학년 8반

최우수상(1위)   이름 최웅석

위 학생은 2011학년도 과학
의 달 창안품계획서부문에서
위와 같이 우수한 성적을 거두
어 이 상장을 수여함

2011년 5월 9일

이매고등학교장 최원용

2011. 과학창안품경진대회
최우수상

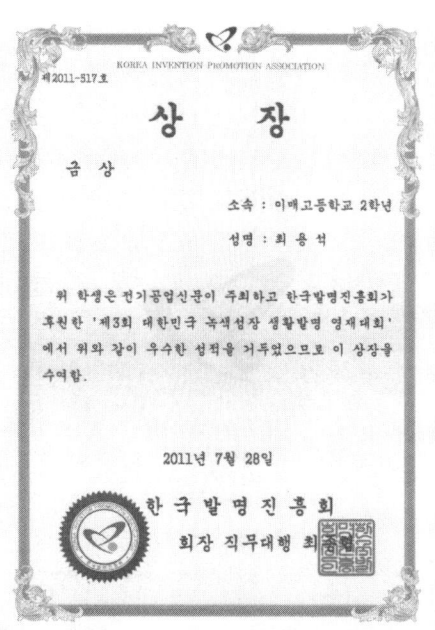

KOREA INVENTION PROMOTION ASSOCIATION

제2011-517호

상 장

금 상

소속 : 이매고등학교 2학년

성명 : 최웅석

위 학생은 전기공업신문이 주최하고 한국발명진흥회가
후원한 '제3회 대한민국 녹색성장 생활발명 영재대회'
에서 위와 같이 우수한 성적을 거두었으므로 이 상장을
수여함.

2011년 7월 28일

한국발명진흥회
회장 직무대행 최종현

2011. 대한민국녹색성장발명영재대회
(발명글짓기부문) 금상

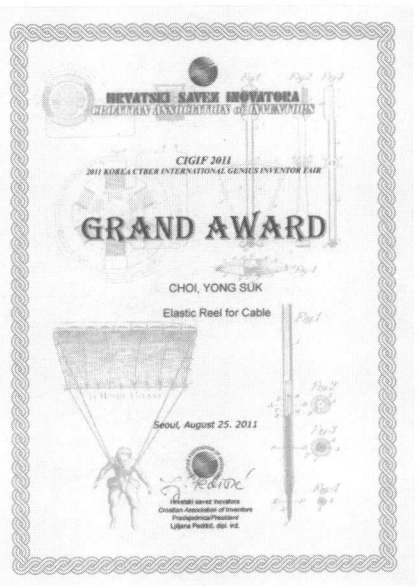

CIGIF 2011
한국사이버국제발명천재대회
크로아티아발명협회 대상

CIGIF 2011
한국사이버국제발명천재대회 금상

CIGIF 2011
한국사이버국제발명천재대회 은상

INST 2011 대만국제발명전시회 은상

INST2011 대만국제발명전시회
세계발명지혜재산권연맹총회
최고혁신 특별상장

IWIS 2011
폴란드 바르샤바국제발명전시회 은상

용석이의 프로필

ASSOCIATION OF POLISH INVENTORS AND RATIONALIZERS

DIPLOMA

INTERNATIONAL WARSAW INVENTION SHOW

IWIS 2011

GOLD MEDAL

for

CHOI, YONG SUK

from

Korea Invention Academy

for the invention

Generator system using sea floating structures

The President of Jury

Prof. Fabisiak Kazimierz

The President of SPWiR

Adam Rylski, Ph.D.

Warsaw, 5th of November 2011

IWIS 2011
폴란드바르샤바국제발명전시회 금상

ВСЕРОССИЙСКОЕ ОБЩЕСТВО ИЗОБРЕТАТЕЛЕЙ И РАЦИОНАЛИЗАТОРОВ

Почетная
Грамота

награждается
Choi, Yong Suk

CABLE REEL HAVING A PROTECTIVE ELASTIC TUBE

Почетной медалью
Санкт-Петербургского Совета ВОИР
За высокий уровень инновационных
разработок, представленных на салоне
IWIS (Варшава, 2011 г.)

Председатель
СПб и ЛОС ВОИР

Постановление Совета № 14
08 11 2011 г.

В.Чернолес

Санкт-Петербургский и Ленинградский областной Совет

IWIS 2011
폴란드바르샤바국제발명전시회
상트페테르부르크발명협회장 특별상

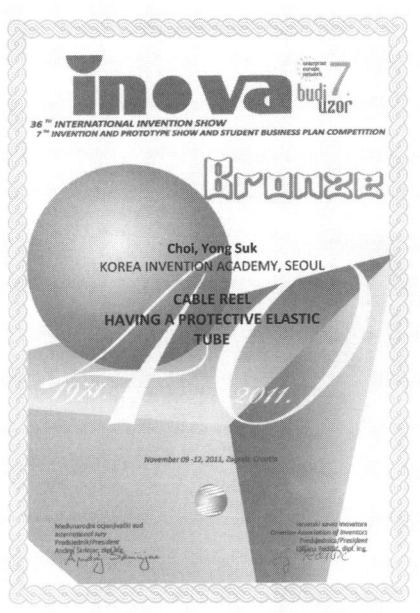

INOVA 2011
크로아티아국제발명전시회 동상

INOVA 2011 크로아티아발명전시회
이란발명협회 특별상

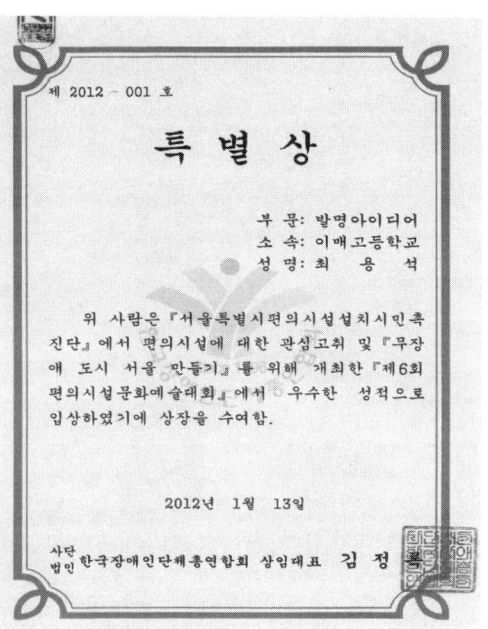

2012. 제6회 서울시편의시설문화예술대회
발명아이디어부문 특별상

2012 IYIE
대만국제청소년발명박람회 금상

2012. ACSIA
아시아창의학생발명가협회 회원증서

2012 IYIE 대만국제청소년발명전시회
말레이시아펄리스대학 (UniMAP)
청소년연구자클럽 (EYReC)
녹색발명상장

용석이의 프로필

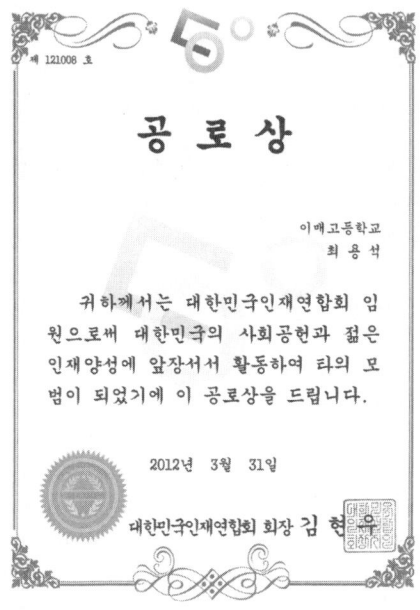

2012. 대한민국인재연합회 공로상

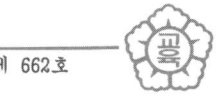

2012. 성남시학생과학발명품경진대회
최우수상

EURO INVENT 2012 : 루마니아유럽창의력혁신전시회 금상

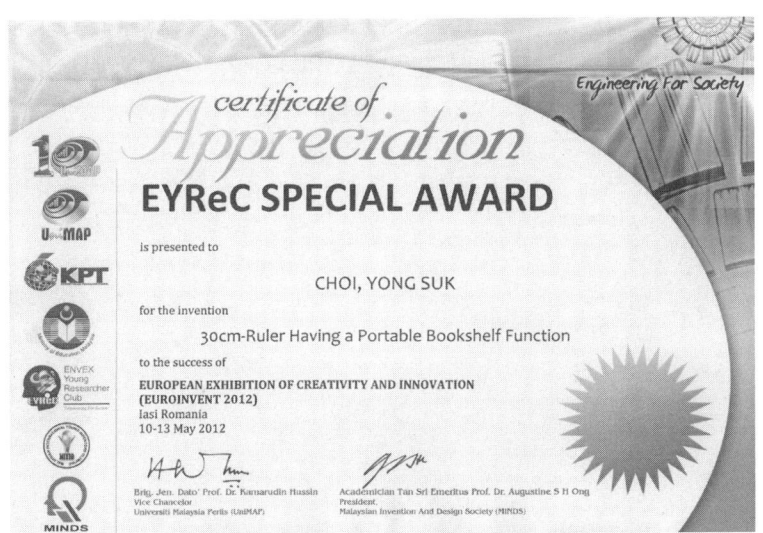

EURO INVENT 2012 : 루마니아유럽창의력혁신전시회
인벡스청소년연구자클럽 특별상

용석이의 프로필

용석이의 선행·봉사부문 수상실적

2010~2012   교내 봉사상 3년 연속 수상

2010.   모범학생 표창(경기도광주 하남교육청장상)

2010.   민들레봉사단 표창 봉사상 수상

                (성남이주민센터 소장상)

2011.   경기도 고등학교 특별장학생 선발

                (선행 · 봉사부문–경기도교육감)

2011.   지식나눔 봉사상 (중앙일보 사장상)

2011.   제3회 전국청소년나눔의집 봉사활동작품전 표창

                (나눔의집 대표이사상)

2011.   제13회 전국중고생자원봉사대회 장려상 수상

2011.   제5회 청소년 행복나눔자원 봉사대상 동상 수상

2011.   제3회 청소년 자원봉사활동 우수단체선정 공모전

                특임장관상 수상

용석이의 리더십 부문 수상실적

2009	매송중학교 전교부회장
2010~2012	이매고등학교 3년 연속 반장
2010~2012	이매고등학교 편집부장
2010~2012	중앙일보 분수네신문 학생기자
2011~2012	특허청 청소년 발명기자
2011~2012	성남시 제6기 차세대위원회
2011~2012	평화와인권을위한 전국중고등학생자원봉사연합회 고등부 부회장
2011~2012	민들레동아리 부회장(다문화 교육봉사동아리)
2010.	삼성증권 인턴십 수료
2010.	한양대학교 '한양대 Ole 캠프' 수료
2010.	청소년카네기 프레젠테이션 컨퍼런스대회 성남시장상 수상
2010.	제5회 글로벌시민학교 프레젠테이션스피치대회 우수상 수상
2010.	청소년글로벌시민학교 수료 (청소년을 위한 국제개발협력인지강화과정)
2011.	한국국제협력단 견학프로그램 이수
2011.	언론중재위원회 인턴 쉽 프로그램 이수
2011.	경희대학교영재교육센터 과학체험교실 이수
2011.	서울과학기술대학교 '고교생 전공체험프로그램' 이수
2012.	건국대학교 SMART KU 공과대 전공 탐색수료
2012.	대한민국인재연합 공로상 수상

용석이의 지적 재산권

1. 특허등록 제2011-10-1079858호
   【환풍기에서 배출되는 폐바람을 이용한 발전장치】
2. 특허등록 제2012-10-1124966호
   【신축 가능한 주름체에 의해 누전이 방지되는 케이블 릴】
3. 특허출원번호 제10-2012-0048082호
   【휴대용 책꽂이】

특 허 증
CERTIFICATE OF PATENT

특 허   제 10-1124966 호
(PATENT NUMBER)

출원번호
(APPLICATION NUMBER)   제 2011-0037887 호

출원일
(FILING DATE:YY/MM/DD)   2011년 04월 22일

등록일
(REGISTRATION DATE:YY/MM/DD)   2012년 03월 02일

발명의명칭 (TITLE OF THE INVENTION)
신축 가능한 주름체에 의해 누전이 방지되는 케이블 릴

특허권자 (PATENTEE)
최용석(940801-1******)
경기도 성남시 분당구 양현로94번길 28, 302동 803호 (이매동, 이
매촌)

발명자 (INVENTOR)
최용석(940801-1******)
경기 성남시 분당구 이매동   117 이매촌 302-803

위의 발명은 「특허법」에 의하여 특허등록원부에 등록
되었음을 증명합니다.
(THIS IS TO CERTIFY THAT THE PATENT IS REGISTERED ON THE REGISTER OF THE KOREAN
INTELLECTUAL PROPERTY OFFICE.)

2012년 03월 02일

특 허 청
COMMISSIONER, THE KOREAN INTELLECTUAL PROPERTY OFFICE

등록료 납부일은 설정등록일 이후 4년차부터 매년 03월 02일까지이며 등록원부로 권리관계를 확인바랍니다.

관인생략

출 원 번 호 통 지 서

출 원 일 자   2012.05.07
특 기 사 항   심사청구(유) 공개신청(무)
출 원 번 호   10-2012-0048082 (접수번호 1-1-2012-0362336-22)
출 원 인 성 명   최용석(4-2011-017484-0)
대 리 인 성 명   특허법인로얄(9-2007-100122-0)
발 명 자 성 명   최용석
발 명 의 명 칭   휴대용 책꽂이

특   허   청   장

<< 안내 >>

1. 귀하의 출원은 위와 같이 정상적으로 접수되었으며, 이후의 심사 진행상황은 출원번호
를 통해 확인하실 수 있습니다.
2. 출원에 따른 수수료는 접수일로부터 다음날까지 동봉된 납입영수증에 성명, 납부자번호
등을 기재하여 가까운 우체국 또는 은행에 납부하여야 합니다.
 ☞ 납부자번호 : 0131(기관코드) + 접수번호
3. 귀하의 주소, 연락처 등의 변경사항이 있을 경우, 즉시 [출원인코드 정보변경(경정), 정
정신고서]를 제출하여야 출원 이후의 각종 통지서를 정상적으로 받을 수 있습니다.
 ☞ 특허(patent.go.kr) 접속 > 민원서식다운로드 > 특허법 시행규칙 별지 제6호 서식
4. 특허(실용신안)출원은 명세서 또는 도면의 보정이 필요한 경우, 등록결정 이전 또는
의견서 제출기간 이내에 출원서에 최초로 첨부된 명세서 또는 도면에 기재된 사항의 범위
안에서 보정할 수 있습니다.
5. 국내출원 건을 외국에도 출원하고자 하는 경우는 국내출원일로부터 일정한 기간 내에
외국에 출원하여야 우선권을 인정 받을 수 있습니다.
 ☞ 우선권 인정기간 : 특허·실용신안은 12월, 상표·디자인은 6월 이내
 ☞ 미국특허상표청의 선출원을 기초로 우리나라에 우선권주장출원 시, 선출원이 미공개상태이면, 우선일로
부터 16개월 이내에 미국특허상표청에서 [전자적교환증기서(PTO/SB/39)]를 제출하거나 우리나라에 우선권
증명서류를 제출하여야 합니다.
6. 본 출원사실을 외부에 표시하고자 하는 경우에는 아래와 같이 하여야 하며, 이를 위반할
경우 관련법령에 따라 처벌될 수 있습니다.
 ☞ 특허출원 10-2010-0000000, 상표등록출원 40-2010-0000000
7. 기타 심사 절차에 관한 사항은 동봉된 안내서를 참조하시기 바랍니다.

용석이의 프로필

나는 고교생 발명가

2012년 6월 30일 초판 발행

저　자 : 최용석
발행자 : 유광종
발행처 : 과학사랑(등록 제2018-000019호, 2001.8.20)

＊ **공급처 :** 도서출판 **일진사** www.iljinsa.com
(우) 04317 서울시 용산구 효창원로 64길 6
전화 : 704-1616 / 팩스 : 715-3536
이메일 : webmaster@iljinsa.com
등록 : 제1979-000009호 (1979.4.2)

값 13,000 원

ISBN : 978-89-7095-123-2